Idea man

Idea
man

Idea man

Idea
man

MCKINSEY

麥肯錫經典工作術

58個菁英思考策略，改善你的思維惰性、突破邏輯盲點，直搗問題核心

莊雲鵬——著

前言／

詹姆士．麥肯錫（James Mckinsey）在美國創立了麥肯錫顧問公司，而麥肯錫公司的創建開啟了現代管理諮詢的新紀元。

到了二十世紀三〇年代，麥肯錫致力於把自己的公司打造成解決企業重大管理問題的顧問公司。他聚集全球最優秀的人才，恪守嚴格的道德準則，以最高的專業水準和最卓越的技術為客戶提供一流的服務，並不斷提高公司在行業中的地位。經過多年的發展和沉澱，現在的麥肯錫已經成為全球最著名的管理公司，在全球四十四個國家和地區開設了八十四間分公司或辦事處。

麥肯錫目前擁有九千多名諮詢人員，分別來自七十八個國家，均擁有世界著名學府的高等學位。

曾在麥肯錫工作的美國著名諮詢顧問及《麥肯錫工作方法》的作者伊森．M．拉西爾（Ethan M. Rasiel）說：「麥肯錫一系列的書籍在美國一再出版並廣受歡迎。在我看來，這既是因為書中包含著世界頂級管理顧問品牌『麥肯錫』，更是因為這些書都緊扣『解決問題』這個在職場或是更大範圍中的關鍵點。」

作者提供給你的，不是居高臨下的說教和炫耀，不是今天的書籍排行榜上有點氾濫的煽情和勵志，也沒有打算幫你補充什麼缺失的領域知識，而是希望你透過較為系統的學和練之後，能夠以某種方式「洗心革面，重新做事」，掌握這種麥肯錫的解決問題的有效方法論。作者的寫作初衷，就是想把麥肯錫的幾招「看家本領」說與外人家，惠及普天下。

麥肯錫之所以被推崇，不僅是因為他們擁有獨特的工作思維方式與工作方法，還因為他們擁有很高的工作效率，也就是我們所說的「高效能」。「高效」這個詞不僅是工作與管理中我們所追求的，也是當今這個飛速發展的時代的主題。如何做到高效地工作？相信看了這本書後，你會得到滿意的答覆。

在本書中，我們收錄並講述了許多麥肯錫人的真實言論與故事，其中涉及發現問題、思考問題、分析問題、解決問題、高效溝通、團隊合作、客戶心理等多方內容，可說是涵蓋了工作中的各個面向，希望能夠為讀者實現高效工作提供有益的幫助。

由於經濟快速發展以及企業發展的客觀需要，人們越來越需要高效管理與高效工作的方法。希望讀者在看了本書後，能夠掌握麥肯錫的管理技巧和工作方法，像麥肯錫顧問一樣思考，運用麥肯錫思維和方法，高效地解決從生活到工作、從簡單到複雜的各種問題。相信只要用心讀完本書，你的工作與生活就會發生很大的改變。

目錄

第二章 解決問題的高效武器：分析

第三章　培養幾個高效能的工作習慣

第四章　懂得溝通，做「菁英部下」

第五章 合理組建團隊，有效完成任務

第六章 抓住客戶心理，讓客戶感到滿意

第七章　麥肯錫推薦的解決問題方法

第一章

發現問題與思考問題

01 發現問題是很重要的能力

很多時候，我們對一個問題緊追不放，認為這個問題就是根本，但從邏輯的角度來說，這種對「根本」的認定根本經不起推敲。

二〇〇四年，大前研一分析過一個著名的案例，即日本著名化妝品品牌佳麗寶（Kanebo）拒絕日本花王公司的收購，接受外部投資進行改造。大前研一認為，佳麗寶的選擇實際上是錯誤的，而導致整個錯誤的根源就是佳麗寶公司沒有意識到自身的問題所在。

當時，受到中國廠商的衝擊，佳麗寶的纖維業務及其他業務都不賺錢。在大家一致認定「想要賺錢，只有靠化妝品」的情形下，佳麗寶從其他部門調來人手投入化妝品部門，試圖強化化妝品的營業能力。

但是人手增加了，化妝品部的營業額卻未如預期向上提升，反而因為人事成本的壓力導致營業利潤大幅度下降。佳麗寶認為自己的問題出在經營能力的降低，因而選擇引入資本以擴大經營能力，反而導致經營成本上升，以失敗告終。

據大前研一分析，佳麗寶的問題根本不在於此。佳麗寶失敗的原因，是做了靠增加人手強化營業能力的錯誤選擇。大前研一說：「其實他們只要看看業界的動向，就知道以人海戰術和資生堂爭奪市場是沒有意義

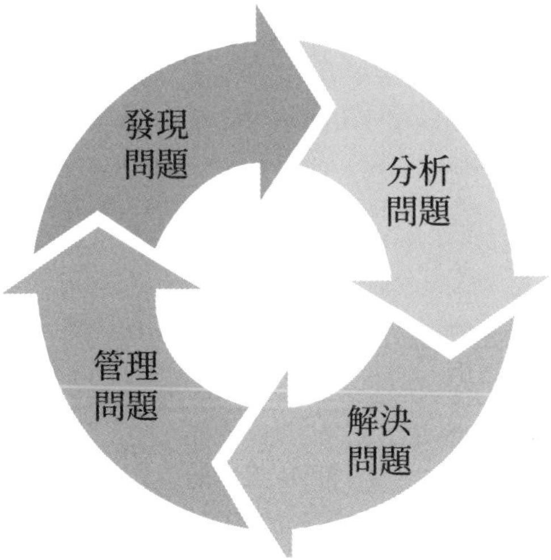

的。」佳麗寶應該設法降低人力成本，然而佳麗寶卻反其道而行，最終只有裁跟頭。

大前研一曾出任麥肯錫顧問公司日本分社社長，算是麥肯錫亞洲業務部的元老，他被日本企業界尊稱為「日本戰略之父」。身為一位有著豐富經驗的諮詢從業者，大前研一強調，**在替客戶解決問題之前，要先幫助客戶「發現問題」**。

只有「發現問題」，才能夠解決問題。對當時的佳麗寶而言，最重要的不是和老對手資生堂競爭，而是趕快滲透到年輕人當中，與外國品牌爭搶市場。事實上，佳麗寶就是因為極度流失最肯為化妝品埋單的年輕消費族群，失去了最有利的市場，才無法創造整體的利潤。如果早一點發現問題的根本，佳麗寶就可以研發年輕人能夠接受的商品，在對策上下功夫。但很顯然，佳麗寶失敗的原因是沒有「真正發現問題」。

不只是某些企業存在著「佳麗寶問題」，事實上，人們在生活當中的很多時候都存在此類問題。這種觀點在很多讀者看來似乎匪夷所思，客戶找麥肯錫做諮詢當然是為了發現自身的問題，不然還做什麼諮詢？然而，對於諮詢從業者來說，事情就不是那麼簡單了，因為客戶對於問題的描述很多時候會很膚淺、浮泛，這對於諮詢工作是沒有幫助的。

比如說有人找我們為他出主意，但他只泛泛地說自己的問題是「沒錢」、「不成功」，對此我們能夠給出的建議也就只能是一般的「去賺錢」、「去成功」，這對於解決問題沒有任何幫助。

因此，我們要學會運用邏輯思考，去洞悉問題的本質。**所謂洞悉本質，就是分析問題的真正原因所在，並找出正確的解決方法，進而解決問題**。從這個角度看，問題解決的前提就是洞悉問題的本質。

很多人苦苦為自己的問題尋找答案，但得到的答案卻始終無法令人滿意，為此苦惱不已，卻沒有想過，自己設定的問題根本就是錯誤的。**如何準確地「發現問題」，方法還是得落在「邏輯思考」上面**。很多時候，我們對一個問題緊追不放，認為這個問題就是根本，但從邏輯的角度上來說，這種對「根本」的認定卻根本經不起推敲。

因此，邏輯思考強調我們要問一個「為什麼」，尤其是在我們認定某個問題是我們最根本的問題時，更應該對自己問一句「為什麼」。例如一個即將大學畢業的男生，想要一輛賓士作為畢業禮物，那麼應該首先問自己：為什麼需要一輛賓士？對於這個問題，你也許會回答，因為你希望在畢業派對上引起別人的注意。那麼，你為什麼要引起別人的注意呢？你也許會回答，你最喜歡的女孩會出現在派對上。那麼問題的邏輯就是：你需要的不僅僅是一輛豪車，也不是引人注意，最終的目的是和喜歡的女孩共度良宵。那麼你應該解決的問題是讓自己更有魅力，而不是找父母要錢去買一輛不適合在工作場合開的車。

一個人為了解決某種訴求會有各式各樣的行為，成功的關鍵在於，讓這些行為與訴求真的聯繫在一起。**你必須知道自己為什麼要做這件事，以及這樣做能否徹底解決問題**。可能你做某件事是沒有理由的，這種行為可能沒有錯，但你也不能期待沒有理由的事會帶給你一個成功的結果。比如你在上班的時候趁老闆不在玩電腦遊戲，你玩遊戲可能只是為了好玩，站在老闆之外的角度，沒有人能夠譴責你。但是，你不會指望玩遊戲的行為能為你換來薪水。

你的薪水來自工作，如果將薪水定義為你的訴求，那麼玩遊戲對於解決這個訴求來說顯然是不合理的，那你又為什麼要玩遊戲呢？

對於所有從事諮詢工作的人來說，為客戶解決最根本的問題，這才是工作的意義所在，而解決這個問題的前提是你能夠「發現問題」。就像一個人因為感情受挫而失眠，我們不能夠給他一棍把他打暈一樣，因為等他醒過來，失眠的問題根源——感情問題，仍然沒有解決。頭痛醫頭，腳痛醫腳，這是庸醫的做法，諮詢工作者作為企業的醫生，需要有一套更好的醫療手段，前提就是在邏輯思考的基礎上，真正地「發現問題」。

善於發現問題是很重要的能力，也是在工作中解決問題的重要環節。只有發現和認真分析問題，才能更好地解決問題。一個員工連問題都發現不了，又何談解決呢？一個優秀的員工最重要的工作就是要充分發揮自己的智慧，努力發現工作當中的問題，只有發現問題才有可能正確地分析，進而解決，並使自己在工作中獲得更大的發展。

重點整理

在工作中，我們要善於發現問題，要在了解自己工作的基礎上，多問幾個為什麼，在保持清醒頭腦和活躍思維的同時，從企業和自身的角度出發，及時和老闆、同事溝通。

02 不要被事物的表象所迷惑

鍛鍊推測能力，就要試著從身邊的問題著手。

麥肯錫團隊曾解決過這樣一個問題：某企業是一家為富豪家庭訂製高端交通工具的生產商。該公司的特點是：製造精良、服務一流、品質卓越。處在高端訂製領域，他們的產品價格十分昂貴，所以企業對於用戶滿意度特別敏感。為了提高市場占有率，他們努力提高客戶滿意度，爭取回頭客。該企業的產品品質絕對有保證，其服務團隊也經過專門培訓機構的培訓，因此他們認為可以讓每個用戶百分百滿意。實際上，客戶的抱怨聲卻不絕於耳，甚至有用戶在訂貨過程中因為對企業不滿而違約退貨。

對於到底是哪裡出了問題，為什麼會出現大規模的客戶不滿意的投訴，企業管理層毫無頭緒。麥肯錫的團隊入駐該公司之後，調查了所有客戶投訴的記錄，正如該公司所說，客戶對於產品的品質、服務的品質沒有異議，幾乎全部的投訴都集中在一點——等待時間過長。

原來，該公司採取的是「先付款後製作」的模式，使用者從下單購買到最終收貨需要等待數月到半年的時間。用戶在下單之後就進入漫長的等待，這種等待讓用戶感到他們被忽視、被怠慢了，於是充滿抱怨和不滿。

那麼，解決該公司問題的方法是「縮減訂做時間，提前生產一些半成品以備到時拼裝」嗎？

麥肯錫團隊認為，邏輯思考能力之中，最令人著迷的就是撥開雲霧探尋事實本源的推測能力。而一個問題如果真想得到最終的解決，光靠歸納表面現象和解決表面問題是絕對做不到的，關鍵是**推測出事情的本源**。例如很多人為戒酒和戒賭提出解決方案，就是不買酒、不去賭場，這無疑是沒用的，因為問題的本源不在那裡。不買酒、不去賭場，這實際上就是歸納失敗原因之後做出的反應，這樣做的好處是讓問題清晰明朗，有針對性地解決問題。但這樣做往往只是解決了表面的問題，而且效果也很難持續。

很多時候，我們會發現自己解決了問題，但不久之後問題又出現了。比如有些人做事情往往半途而廢，因此將「輕易放棄」看作自己的問題，他們提出的解決方案就是堅持，哪怕是全部的腦神經都告訴他們要放棄，他們還是逼迫自己堅持，但這種堅持往往只會帶來更大的痛苦，並不能帶來成功。

看問題往往停留在第一階段，即「表面」，哪裡有問題就解決哪裡，這是很多人對於失敗做出的反應。而要真正解決問題，必須依靠邏輯推測能力。

回到一開始的問題。經過詳細的走訪、調查和做問卷，以及親自扮演購物者的角色，麥肯錫團隊最後發現，這些高端客戶不是不肯等待，而是不滿意自己被忽視，這種被忽視的感覺才是真正的問題所在。

於是，麥肯錫團隊將目標放在解決這個問題上，具體的方式是：用戶在下單之後會得到一個序號，在網路上查詢該序號就可以追蹤到所購產品的生產進度和生產資訊。同時，公司生產部門要將生產的即時資訊和圖像放到系統中，圖文並茂地為顧客展示，例如：今天我為您的汽車做好了一扇門，前天我為您的帆船做好了龍骨……在這之後，麥肯錫又為該公司設計了一項附加服務，即在客戶下單之後，每兩週一次，挑選客戶所訂制的交通工具的邊角料做成精美的禮品寄送給客戶，如：客戶訂購汽車的模型、客戶訂購自行車的鋼藝……

最終，麥肯錫的方案徹底解決了用戶被忽視的問題，在此之後，用戶對於等待時間過長的投訴再也沒有出現過。解決問題並不難，但能夠找到問題真正所在，才是麥肯錫的諮詢能夠被青睞的原因。

作為一家十分看重邏輯思考的顧問團隊，麥肯錫很能鍛鍊隊員運用邏輯推測的能力。而事實上，不僅僅是麥肯錫團隊，大多數擅長解決問題的人都具備這種邏輯推測的能力。

現在我們來看一道現實的習題，看看讀者是否具備這樣的能力：

某公司的大樓坐落於城市近郊，後方是公司構造的園林，很多飛鳥都喜歡在園林中覓食，飛鳥的排泄物經常掉落在大樓上，讓大樓顯得很不美觀，公司的老闆頭為此頭痛不已，如果你是該公司的員工，你會怎麼解決這個問題？

「是哪裡出了問題」看重的是問題的表象，是現狀對於問題最直觀的反應，就像是感冒會導致頭痛、打噴嚏一樣，人們依照表象容易發現問題。但頭痛的解決並不代表著感冒就痊癒了，問題的表象解決了，往往問題還存在。

現在，讓我們看一看你的答案。你的答案很可能在以下這三個當中：

A 請清潔人員打掃牆體；

B 在樓頂上安裝稻草人；

C 拆除樓後的園林。

如果你的答案在這三者當中，那麼說明你看問題還處在表象階段，只能根據問題的表象做處理。但是，問題並不會因此被根除。

你看到的表象是：飛鳥的排泄物掉落在大樓上，飛鳥來園林中覓食，園林中有供飛鳥覓食的昆蟲。問題的關鍵並不是排泄物、飛鳥、園林，而是招來飛鳥的昆蟲。因此，你解決問題的邏輯應該是「排泄物↓飛鳥↓園林↓昆蟲」的深入順序，而不是個別的針對性措施。所以，這個問題的真正解決方案是，在園林離大樓的更遠處挖一塊水塘，將昆蟲引至水塘，鳥便飛向另一個方向了。

大家一定要記住，不要被問題的表象所迷惑，表象只是為解決問題提供線索，要想徹底解決問題，還需要根據線索，找到問題的真正所在。邏輯推測的能力奠基在許多富有實踐意義的行為能力上：觀察的能力、分析的能力、判斷的能力、推理的能力，這些能力共同作用，才造就出一個人非凡的推測能力。

推測的意義在於集中開發人的大腦，讓人解決很多隱藏在內部的問題，並使問題得到根除。

非凡的邏輯推測能力，是麥肯錫人真正的厲害之處，也是我們應該從麥肯錫團隊那裡得到的經驗和啟發。鍛鍊推測能力，試著從身邊的問題著手，當你發現身邊一個個問題被你根除時，相信你一定會對邏輯推測的魅力著迷。

重點整理

不論做任何事情，都不要被事物的表面現象所迷惑，問題的表象只是為你徹底解決問題提供線索，並不能直接帶給你問題的解決方案，需要沿著一條邏輯線路深入地挖掘，才能找到解決問題的公式。

03 保持「從零開始」的心態

有時候，事實並非如眼前所見，而是隱藏在事件或事物的背後。此時，我們需要有強大的洞察力將事實揭示出來，因此，進行邏輯思考的先決條件就是「洞察力」。

經常會有客戶向麥肯錫的經營顧問們發出這樣的請求：「本公司的某部門連續幾年出現赤字，收支極不平衡，辦法我們也想了很多，但始終不能解決。問題究竟出在哪裡？怎樣才能解決？請幫幫我們吧！」如果按照一般的問題解決流程，解決的方法首先是找出這個部門的問題，對其進行了解和分析，然後再思考解決的方法，而麥肯錫的經營顧問們知道，這並不是解決問題的最好方法。因為這種方法並不是「從零開始」。它只是根據客戶提出的問題給予相應的意見，而不是從「原點」出發。

從上面的案例，我們可以看出，麥肯錫解決問題流程的第一步就是「從零開始」。這也要求我們，面對問題時，要保持從零開始的思考，回到原點。而要從這樣的角度來進行思考：什麼才是真正的問題，這項事業在以後有沒有完成的必要？不管這項事業在歷史上創造過何等輝煌的佳績，曾是多麼著名的品牌，然而若是以後沒有什麼發展性，或許徹底放棄它才是最好的選擇。

在日常生活中，「從零開始」思考法的應用層面更廣。我們都知道發傳單是想更好地宣傳自己的產品，但在發完傳單之後，仍然沒有客戶光臨，該怎麼做？是應該繼續發更多的傳單，還是做更大規模的策略宣傳？或是換一下思路，改變傳單的設計樣式，讓它看起來更吸引人？其實這些思考都不全面。我們要考慮的是，自身存在的問題有哪些，是發傳單效果不好，還是店鋪本身就存在問題？

所以，當接到上司或客戶交給我們的工作時，要保持從原點出發的思考模式，多考慮一下問題究竟是什麼。那麼，在工作中應如何做到從原點出發？這就要求我們有正確嚴密的思維邏輯。正確的邏輯思考能夠為我們帶來解決問題的方法，然而這種思考必須基於對事實的正確認識。有的時候，事實並不是擺在我們面前，而是隱藏在事件或事物的背後。此時，我們需要有強大的洞察力將事實揭示出來，因此，進行邏輯思考的先決條件就是「洞察力」。

曾經有位在麥肯錫公司專門負責亞洲市場的同事總結說：「我到過亞洲四十多個國家，一年光機票就要用掉上百張，到過的地方多了，便慢慢開始比較和思考，而從各國的差異當中，我慢慢了解到該如何與不同國家的人打交道。

「比如臺灣人做生意多是開些中小企業，以外貿為主，各立山頭，不用別人從中間搞什麼花樣，他們自己就爭得非常厲害，和他們打交道就能感覺到他們的圓滑；韓國人則非常團結，他們對內尊卑有序，在外面則鐵板一塊，和他們打交道很不容易；日本人對外人很謙和，有禮貌到讓人覺得卑微，但其實日本人之間還是有很多爭鬥，和日本人打交道很容易，但不要試圖讓他們在原則上讓步。」

這位同事的認識可謂精確，而正是這種精確的認識，讓他能夠根據不同的人採取不同的溝通策略，使得他在東亞顧問圈如魚得水，而這一切就來自他敏銳的洞察力。

擁有敏銳的洞察力，第一是要有見識，見過更多的人，見到更多的事，自然會讓洞察力隨見識而增長。除此之外，培養敏銳的洞察力還需要學識。人類為什麼成了世界的主宰，而不是被其他動物統治？一個重要的原因就是人類擁有一個優秀的、可以自我思考的大腦，並在千百萬年來無數成功與失敗的交疊中不斷積累知識，漸漸發展壯大。因此，自學的本領是我們無論如何也不能丟棄的。尤其是在瞬息萬變的商場上，今天的東西到了明天可能就已經過時，如果不能緊跟時代的步伐，那結果就必然是故步自封。就職於麥肯錫的員工，如果在做諮詢的時候，脫口而出的都是二十世紀的理論，那麼結果就是自己得不到客戶的信任，毀了麥肯錫的招牌。

比爾．蓋茲在軟體業的見識可謂數一數二，但他也出現過判斷失誤。蓋茲曾說：「國際互聯網出現的時候，我們把它列在第五、第六的位置。但是後來我們意識到它發展的速度非常快，其影響比我們確定策略時想像得更深遠。」

興趣是學習知識時很重要的基礎。學知識最好「帶著問題」學，當然，不應追求「立竿見影」，也不要淺嘗即止。在突破知識堅硬的外殼後，要乘勝追擊，不斷「製造」問題，盡可能全面、透徹地掌握整個知識點。如果對知識一知半解，沒有真正變成自己的，就不能活用知識。有些知識在知識鏈和知識結構中處於關鍵位置，透過它們可以了解很多其他知識，它們的發展會大大推動其他知識的發展。這些是應當引起人們關注的「基礎知識」。

而有了豐富的見識和學識，還必須勤於思考，這樣才能「去蕪存菁、去偽存真、由現象看到事情的本質」。

重點整理

做好工作的第一步，是要學會運用「從零開始」的方法去揭示問題的本質，運用嚴密的思維邏輯與敏銳的洞察力把握問題的本質與核心，從而解決問題。

04 學會「批判思考」

批判思考就是要換個角度來看問題，而其中一個重要的方式便是倒因為果、以果推因。

亞默爾生活在十八～十九世紀的加州淘金時代，在那個時代，美國西部還是落後與蠻荒的代名詞，但有某樣東西讓貧窮的人們冒著生命危險來到這裡，那就是「黃金」。自從人類歷史產生以來，人們就沒有放棄過對黃金的狂熱追求。

加州淘金潮帶來了大量渴望一夜暴富的人，亞默爾就是其中之一。一開始，亞默爾也像他人一樣幹著體力活兒。當時的淘金活動是非常辛苦的，除了身體的疲勞之外，缺水也是一大問題。因為水源被污染，可以飲用的水非常少，很多人不得不花高價買水。

久而久之，亞默爾從中意識到了商機，淘金致富當然重要，但對他來說重要的是致富而不是淘金，如果賣水可以致富的話，那麼淘金還重要嗎？想到這一點，亞默爾便放棄淘金，改行賣水，並因此發了大財。

幾乎每一本成功學著作都會提及猶太商人力普・亞默爾的成功故事，亞默爾的成功在於他能夠從不同的角度去分析問題。用麥肯錫工作方法來表述，就是要求我們學會「批判思考」。而**批判思考就是讓我們在面對問題時，學會轉變角度看待問題，進行多方思考**。但實際上我們在想問題的時候，總是喜歡沿著一條固定的邏輯線，而這條邏輯線往往是由因果組成的，為了達到結果，我們就必定要從原因上下手。

然而，達到結果就只有一條路可走嗎？我們能不能換個角度來思考問題呢？亞默爾做到了這一點，換了角度，看到可以致富的不同路徑，進而選擇了一條更容易的道路。亞默爾這種思維方式，也屬於**邏輯發散**的創新性思維方式，在分析和解決問題的時候，往往能夠給我們帶來意想不到的收穫。

在現實生活中，我們面對一些問題的時候難免會遇到瓶頸，這種情況很多時候都是因為我們思考問題的角度過於固定，造成了思維定式。如果我們肯換一換視角，換一個層面思考問題，情況就一定會有所改觀，創意才會變得有彈性，歷久彌新。記住，任何時候只要能轉換視角，就會有不一樣的風景出現。

傑克是一家跨國公司的高級主管，現在他正面臨一個進退兩難的境地，一方面，他對現在的工作相當滿意，豐厚的薪水更是讓他捨不得離開。另一方面，令他頭痛的是，他非常討厭他的主管，忍受了這麼多年，他最近覺得再也忍不下去了。經過再三糾結之後，他還是決定找獵人頭公司重新謀畫一個職位。傑克的妻子是一名大學教授，當傑克把決定告訴她時，那天她剛剛上完一節關於變換角度思考問題的公開課，於是她就把內容和傑克說了一遍，傑克聽後不禁眼前一亮，就像發現了一盞明燈，一個大膽的想法浮現在他的腦海裡。第二天早上，傑克早早地來到一家獵人頭公司，但他不是為自己找工作的，而是替他的主管找工作。

果然，沒過多久，他的主管就接到獵人頭公司打來的電話，說有另外一家大公司願意聘請他去當主管。儘管事情來得有些莫名其妙，但是因為他也厭倦了在這家公司工作，所以就欣然答應了。

這件事情解決得最美妙的地方就是，主管辭職，職位出現了空缺，於是傑克立刻向公司提出申請，結果他就成功榮升為主管了。

在這個故事中，傑克本來是想自己離開公司的，但是因為受到太太的啟發，他及時轉換了思考問題的角度，著手為主管找工作，結果收到了事半功倍的效果，不僅遠離了討厭的主管，還成功升職。這就是換個角度思考問題的重要性。

在生活中也是一樣，如果我們願意換個角度，也許就會發現許多不一樣的精彩。就像我們切蘋果大部分都是豎著切，好像成為一個不成文的習慣，因為習慣了，誰也不曾想過橫著切，也沒想過為什麼一直都是豎著切，可是當一個孩子從一個新的角度橫著切開蘋果的時候，他就發現了隱藏在蘋果裡漂亮的五角星，於是他就得到了以前從沒見過的驚喜。

如果不是因為換了一個角度，人們永遠也發現不了這個五角星。所以，做事不要被固有的思維拘束，要敢於換個角度，或許眼前的情況就會有新的轉機。在工作中也是一樣，很多時候我們都需要有發散性思維。而發散性思維就一定要拋開思維定式的束縛，用創新的思維去發現新的問題、解決新的問題。換個角度來看問題，其中一個重要的方式便是**倒因為果**、**以果推因**。

普通人在思考問題的時候，總是先有原因，然後再分析結果。但使用發散性思維，我們可以試著將因果的順序倒過來，從另一個角度來看問題，事情往往就會因此而變得不同。

對於企業而言，如何將產品的資訊傳播出去、獲得廣泛的影響力，是一個重要的問題，從傳統的角度來看，解決這個問題的方式通常是靠廣告和宣傳。

門達食品公司最近推出了一款新的蛋糕，他們想要用這款蛋糕在消費者群體中引領流行，為此投入了大量的資金進行廣告宣傳。電視、車站、報紙和雜誌，鋪天蓋地的廣告宣傳著門達的蛋糕，最終的效果卻不甚理想。

為了讓宣傳效果更好一些，門達公司自麥肯錫聘請了一個諮詢團隊為他們進行行銷管道的重新設計。在了解大量有關蛋糕以及宣傳方式的資訊後，麥肯錫團隊為他們創制了一套新的推廣戰略，這套戰略的花費比之前還少，但效果卻非常明顯。具體作法就是透過個人社交媒介進行傳播，一開始尋找那些在人群中具有較大影響力的用戶，讓他們用自己的社交媒介將蛋糕的資訊推廣給自己的朋友。然後，在他們的朋友圈中形成第一批購買群。因為這第一批購買者往往是樂於嘗試新事物、樂於傳播新資訊的人，美味的蛋糕就藉著他們的購買進入了他們的個人社交媒介。就這樣，一層一層地傳播下去，最終導致了蛋糕的流行。

以上這個故事就是倒因為果的最好案例。從因果關係來說，幾乎所有人都認為是先有傳播效果，然後才有用戶。也正因為如此，才誕生了廣告傳播理論：一個廣告透過媒體散播出去，看過這個廣告的人成千上萬，這其中可能會有兩成的人接受了廣告當中的商品資訊，接受商品資訊的受眾當中可能又會有兩成的人對商品產生興趣，之後又會有兩成產生興趣的人來購買商品。就像是一個金字塔一樣，受眾從低到高，最後購買商品的是塔尖的一小部分人。

但是，倒因為果的思維邏輯卻讓傳播呈現一種倒金字塔的模式。商品先在小範圍內培養一部分忠實使用者，這部分忠實使用者將商品的資訊傳遞出去，形成第二層級的商品受眾，第二層級再次將商品的資訊傳播出去……倒因為果的傳播方式節省了資源，同時又取得了良好的傳播效果，這便是發散性思維的可貴之處。當我們無法用正常的邏輯解答某個問題時，不妨讓思維更活躍一些，換個角度用創新思維去想問題，有的時候會讓情況變得完全不一樣。

重點整理

在工作中遇到難以解決的問題時，要不斷地問自己「為什麼」。要學會批判思考的方法，多角度看待問題，擴散自己的思維，用創新的思維去發現新的問題、解決新的問題。

05 掌握「空、雨、傘」的思考方法

無論做什麼事，只要打造好框架，便能迅速掌握事情的本質。

歐姆威爾．格林肖是一位出自麥肯錫學校的管理者，他任職於非洲大陸門戶網站Africa.com。在進行具體的市場分析的時候，「空、雨、傘」的思考方法為他提供了不小的幫助。

格林肖說：「我們必須調查市場，並根據具體的目標市場，即非洲裔和對非洲感興趣的人，來確定如何開發產品、提供什麼樣的服務。這樣，就得分析多個行業，比如非洲的葡萄酒業、家庭裝修業、傢俱業和藝術業等，然後確定哪些行業在我們的目標市場內具有吸引力。我利用在麥肯錫掌握的系統化結構框架，透過迅速了解市場規模、競爭環境、主要參與者等，明確了其中哪些市場適合我們。」事實上，為什麼麥肯錫公司在一切的商業問題上都算是專家？就是因為他們透過掌握「空、雨、傘」的思考方法，構建了大量的結構框架，在系統化解決問題的過程中積累豐富的經驗。這種經驗有助於諮詢顧問在眾多類似的商業案例中，迅速把握問題所在。

那麼，「空、雨、傘」的思考方法是什麼呢？簡單來說，就是當我們準備外出時看一看天空，外面看起來像要下雨的樣子，這時我們會選擇帶雨傘出門，即便到時候真的下起雨來，也不致被淋濕。

我們可以把以上這一系列過程分為「空、雨、傘」的框架進行思考。「空」表示如今處於怎樣的一個狀

空＝認清事實
抬頭看天。
雨＝對狀況的解釋
烏雲密布，可能下雨。
傘＝行動方案
帶傘出門。

「空、雨、傘」思考法

態，這是「事實」。如果天空中全是烏雲，那麼很快就會下雨了。「雨」表示的是如今的狀況代表什麼含義，這是「解釋」。也就是說，根據事實會得出何種結論。根據隨時可能下雨的狀況，得出如果被淋濕會影響心情的解釋。「傘」表示的是在了解事實與解釋之後所應該實際採取的行動，也就是「解決辦法」。

只要帶雨傘出門就不會被雨淋濕。也就是說，只要掌握「空、雨、傘」的思考方法的人，就不會被雨淋濕。

事實、**解釋**以及**解決辦法**，這三點必須環環相扣。想要問題得到充分解決，就要學會「空、雨、傘」的思考方法，構建一個思維框架，把問題系統化。

麥肯錫內部存在的一個解決問題的習慣是：利用系統框架化，然後再進行資料收集與分析。所以說，「框架化」是麥肯錫邏輯思考的精髓所在，構建思維框架，為解決問題準備研究和分析的路線圖，是思考與分析中最重要的一個因素。

在闡述解決問題流程時，麥肯錫人往往會提及「以事實為基礎」，然而問題的解決卻並非始於事實，而是始於結構。所謂結構，是指解決問題的具體框架，廣義上說，就是分析事物、界定問題，並將它們在思維中進行細分。無論是做什麼事，借助結構，麥肯錫顧問都能夠迅速把握事情的本質。簡單地用相同的框架結構去處理不同企業面臨的問題，是不會有太好的結果的。

因此，在分析和解決商業問題的時候，他們也非常注意在思維框架的基礎上增加許多對現實的考量，根據現實對框架進行調整，不過基礎依然是思維框架。框架為何如此重要？因為它能夠將思考的過程系統化、程式化，對於思考的結論更具有支撐性。用麥肯錫內部的一句話就是「沒有結構框架，觀點是站不住腳的」。

讀者可以試想一下，在工作和生活中，你的觀點是如何被表達出來？在面對問題的時候，你的解決方案又是如何誕生的？這些觀點和方案，在思考的時候是否使用連貫的結構？或者是否至少強調了有必要保持內在的一致性和邏輯性？你的思考過程是否有縝密的邏輯線索？抑或是你的結論只是隨意做出的，沒有任何邏輯支援？這幾個問題的答案不同，你的觀點和方案對他人的說服力也不同。

如果沒有一個結構框架支撐你的觀點，你會發現你很難說服別人，甚至有時候都很難說服自己支持它們。在內部會議上，歐姆威爾．格林肖總能得到各種有趣的建議，但是這些建議能夠付諸行動的卻很少，原因就是提出建議的人往往只是靈光一閃，他們找不到支持這些建議的理論和現實材料。在這種情況下，公司是不會冒巨大的風險去嘗試他們這些建議的。

由此可見，思維框架對於思考有多麼重要。那麼，思維框架要如何建立呢？大致可以分為三個階段：

第一階段：確立中心思想。一個思維框架必須有一個中心思想，你要弄清楚，自己要用這個框架分析什麼樣的問題、解決什麼樣的問題？還是這個框架就僅僅是一個啟發散思維的結構？中心思想就像是目標，擁有目標之後，才能確定思考的方向。

第二階段：增添邏輯結構。在確定中心思想之後，需要為你的框架加入邏輯結構，這種邏輯結構可以是因果性的推理，可以是發散式的思維導圖，也可以是批判式的創新。你可以選擇一種或多種，它們是對框架的理論支撐，類似分析和解決問題的方法論。一個框架中的方法論越多，分析起問題來就相對越容易，當然，即便只有一套方法論，只要使用得當，一樣可以將問題很好地解決。

第三階段：掌握必要知識。必要的理論知識是構建思維框架所必需的，例如想要建立一套解決成本管理問題的思維框架，而你卻不懂得何為成本控制，沒有聽說過何為產品生命週期，這肯定是不行的。如果將邏輯結構看作整套思維的方法論的話，那麼必要的領域知識就是解決和分析某個具體因素的方法論。

一個完整的問題當中，需要分析的因素越多，需要掌握的知識也就越多。因此，如果沒有必備的知識儲量，你的思維框架也是不能做到無懈可擊的。思維框架的建立不是一蹴而就的事情，它需要不斷地學習和思考，還要根據理論的更新而進行不斷調整。不過，當它搭建完成之後，你便可以根據具體的情況，解決一切可以被納入框架體系中的問題了。

「在麥肯錫工作所明確掌握的一項技能，就是面前有多條路可走的時候，我能夠保持頭腦清醒。這種技能，肯定適用於企業環境。我們的資源和資金都有限，這就決定了我們不可能什麼都做，因此，每一次都只能走一條路。有了結構框架，就可以確定每一種選項的優先次序，避免走彎路，從而節約大量時間和精力。這一點至關重要。我們不一定要知道哪一條路是正確的，但一定不要在錯誤的道路上走得太遠。」歐姆威爾·格林肖如是說。

在工作中，要學會掌握「空、雨、傘」的思考方法，構建符合邏輯的思維框架，它會成為你分析和解決問題的方法論，讓你擁有成為某個領域的專家的能力。

重點整理

事實、解釋、解決辦法，是順利解決問題的重要準備條件，我們不論在工作還是生活中，都要學會「空、雨、傘」的思考方法，構建一個思維框架，把問題系統而有邏輯性地進行。

06 用「邏輯樹」思考法將問題進行分解

將問題剖析成一個個更小的問題，一步步剖析下去，最終就會找到現實中正在面對的細小問題。

AcmeWidgets是美國一家著名的上市公司，以經營日用產品為主，麥肯錫團隊曾對該企業進行過一次分析，在分析的過程中，麥肯錫團隊是這樣將問題細化的：假設AcmeWidgets董事會聘請他們解決「如何增加盈利」這個基本問題。聽到這裡，他們腦海裡首先閃現的問題是：「你的盈利來自何處？」董事會的回答是：「來自我們的三個核心部門——裝飾物、墊圈和繩毛墊。」

「好啊，」他們想，「這個問題的邏輯樹就有第一層了。」接下來，可以對每種產品的盈利進行細分，通常分為「收入」和「支出」兩項，這樣就得到了邏輯樹的第二層。如此下去，最後就繪製出 Acme 裝飾品公司商業系統圖表。

麥肯錫團隊就這樣運用邏輯樹的思考方法成功地解決了問題。當問題出現時，我們認為，解決問題獲得答案是最重要的，然而，對於培養個人的邏輯思考能力來說，重要的卻並非答案，而是對問題的思考。因為答案並不能推動思維的發展，真正能推動思維發展的是問題。

一個不善於提問的人，絕不會是一個優秀的思考者。作為全世界最專業的諮詢團隊，麥肯錫在培訓初入職的員工時，重視的是塑造他們整體的邏輯思維體系，而非解答某個具體問題的能力，因而對於麥肯錫人員來說，提問的能力反而更加重要。

對於提出問題，我們大多數人做得都不夠好，提出的問題都不足以刺激大腦思考，而是反映出大腦充滿了惰性。當他們在提問時，解答的方式往往是一個直接通往目的地的答案，而並非整個思考過程。

譬如，有些人會提出這樣的問題：企業是否需要縮減成本以應付即將到來的金融危機？這樣的問題無論答案是「是」還是「否」，都不會啟發人們的思維，也不會有助於人們思考。真正有助於人們思考的問題是：企業通過採取保守的財務政策以確保削減財務風險，這對於應對金融危機會有哪些幫助？這樣的問題需要我們認真去思考，並應用自己的知識去探尋問題的答案，在這個過程中，人的大腦不斷與問題發生碰撞，這對人無疑是一種鍛鍊。很多人在發現問題或提出問題的時候，喜歡採取前者而非後者的方式，這反映出一種思維的惰性。

不想去費心思考一些更深入的問題，對所有事物的認識都只停留在表象的階段而不能深入。那麼如何能夠更深入地發現問題呢？麥肯錫團隊選擇將問題細分，他們一般會採取邏輯樹的方式，將問題剖析成一個個更小的問題，一步步剖析下去，最終尋找到現實中正在面對的細小問題。細緻而全面的邏輯樹會讓問題得到充分的展開，最終幫助我們將問題深入挖掘下去。如果不這樣做，我們很難知道表象與實際問題之間存在的千絲萬縷的聯繫，也不知道我們該去牽動哪一根線才能把問題徹底解決。

我們必須明白一個道理，那就是世界上所有的問題都可以被分為三種類型。第一種類型是基於事實的問題。比如：企業的盈利能力是否下降了？企業的客戶滿意程度是否降低了？地球屬於行星嗎？人類是靈長類動物嗎？這類問題只會有一個正確答案，但知道正確答案對我們的幫助並不大。

第二種問題是基於判斷的問題。比如：企業的獲利能力為什麼會下降？客戶滿意度為什麼會降低？地球為什麼是一顆行星？人類為什麼是靈長類動物？這類問題的答案往往需要一整套邏輯體系才能解答，但解答這類問題能夠對我們有很大的幫助。

第三類問題是基於偏好的問題。比如：你喜歡企業擁有何種格調？你希望企業的總部設在哪裡？你是否喜歡火星？你是否能夠接受人類食用其他靈長類動物的肉？這類問題的答案是不統一的，它們更多來自人們的主觀偏好。這類問題會影響我們對前兩類問題的正確判斷。

畫一棵嚴密的邏輯樹，需要從第一類問題開始，按照第二類問題展開，同時規避第三類問題的影響。總的來說，邏輯樹是通過對現實情況的簡化，利用線性邏輯思維，幫我們簡化複雜的問題，讓問題從無序走向有序。對於邏輯樹的重要意義，曾就職於麥肯錫團隊的傑夫·薩卡古茨曾經這樣描述：「以結構框架為導向的方法，其實就是在考慮一件事，即如何組織這個問題。每一種結構框架，最終都是我們使用的簡簡單單的正方形矩陣，都是在嘗試著將問題分解成由三個、四個或者五個球形、方形、三角形組成的集合。不管它是什麼，只要能將複雜的問題簡單化就行。在這方面，麥肯錫可謂得心應手。我已經嘗試著將它切實應用到工作中。」

從這個角度來說，邏輯樹可以被看作一個從發現問題到解決問題的結構框架，它說明人們歸納出所有的問題，並提出對照的解決方向。不過，作為顧問從業人員，讀者必須明白，你在用邏輯樹幫他人分析和解決問題的時候，也要考慮你解決問題的物件，根據不同的人進行因人而異的闡述。

比爾．羅斯曾就職於麥肯錫公司，後來他進入美商奇異（GE）公司工作，在奇異，他發現在使用邏輯樹的時候，遇到了很多以前未遇到的問題。羅斯這樣說道：「我發現，儘管結構框架在麥肯錫公司大行其道，但離開麥肯錫後務必要

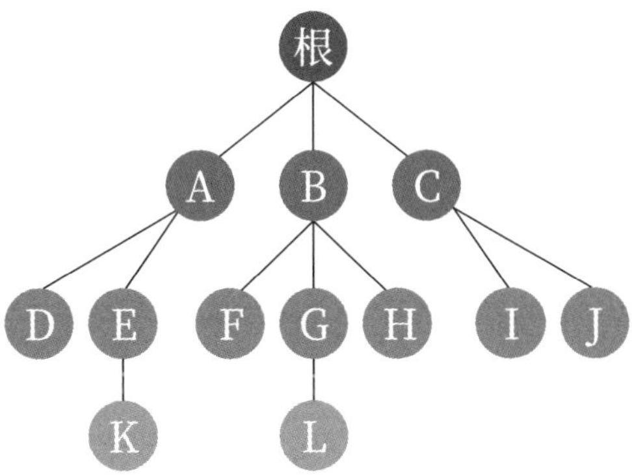

邏輯樹

慎用。許多人在看到結構框架後，會不由自主地產生抵觸情緒。

「在麥肯錫，我們經常聽到：『哦，你這是把別人用過的方法用在我這裡，可是我的問題跟他們不一樣啊！』我們知道，事實並非如此。我們只不過是在努力開啟思路，系統地羅列出關鍵問題以及思考如何表述這些問題。在介紹框架結構時，一定要慎重，因為它可能包含負面的含義，特別是如果過度使用，更可能產生負面效果。因此，不要總用陳舊的框架結構，而是要根據框架結構的概念不斷創新，這樣才有助於解決問題。」

由此可見，因為每個人都有專屬於個人的思維模式，我們在使用邏輯樹為他人分析問題的時候，不能太過主觀，而要考慮使用他人能夠接受的詞彙、邏輯劃分、邏輯線索等，以確保資訊能夠準確地傳達。

重點整理

作為一種深入思考問題的工具，邏輯樹在麥肯錫團隊日常的工作中有著非常重要的作用。學習並掌握這種工具，無論對於從事諮詢工作的人還是對於普通人，都有著非同尋常的意義。

07

不要尋找事實去支撐你的觀點

假如事實證明我們的觀點是錯誤的，最好的方法是根據事實做出調整，而不是將事實粉飾一遍，硬塞入我們自己的邏輯框架中，來偽裝自己是正確的。

麥肯錫顧問團隊中的杜塞爾曾經在他的著作中舉過這樣一個例子：在一個保險公司，某位專案經理負責大單專案的跟進與審核，有一天，他突發奇想，認為恢復客戶利潤率的方法在於減少「漏出」，所謂「漏出」就是不經過金額理算就支付索賠。

他向專案組和管理層保證，自己的觀點絕對經得起檢驗。為了證實自己的觀點，這位專案經理派出一名顧問去計算過去三年中某一類保險索賠的「漏出」率，與其他麥肯錫顧問一樣，這位年輕人非常敬業地完成了自己的工作。

他為這位專案經理蒐集到了大量索賠案例中的「漏出」結果，但統計結果卻顯示，「漏出」遠遠少於專案經理的估計。

然而，這位專案經理並沒有實事求是地看待這些資料，因為實事求是就意味著他要承認自己的錯誤。他只是挑選了一些可以支撐自己觀點的資料，然後將它們偽裝成全部的資料，遞交給同事們。同事們看到資料之後，都很認同他的觀點，大家鼓勵他將這種觀點轉化為具體的管理措施。這位專案經理雖然有些自欺欺人，但並不愚蠢，他拒絕了同事們的好意，因為他知道，自己的觀點並不是建立在真實的情況之上，自己是錯的。

這個故事告訴我們，當一個人想要為他的觀點尋找支持時，即便用偽裝、造假的手段也能夠成功。但這絕不代表著他的觀點正確，只能說明他是一個造假高手罷了。

事實上，無論我們覺得自己的觀點多麼精彩絕倫、見解獨到、新穎深刻，都必須面對現實的檢驗。假如事實證明我們的觀點是錯誤的，最好的方法是根據事實做出調整，而不是將事實粉飾一遍，硬塞入自己的邏輯框架中，來偽裝自己是正確的。

那麼，我們如何避免這種造假的行為呢？麥肯錫的方法是暫時放下手中搜集事實和分析事實的艱鉅工作，反省一下自己在過去的一段時間裡是否有所收穫。如果有的話，自己的收穫是憑空而來，還是來自對現實的分析？如果是來自對現實的分析，又是否經歷過再次的檢驗？

這三個問題都回答肯定的話，那麼才算是發現了新的觀點。為自己的思考尋找現實的支撐，這在邏輯上是一種倒置因果。正確的邏輯是：現實應該是因，而我們思考的結果則是果，因為有現實的存在，我們才能夠進行思考，才能夠得到正確的思維結晶。

然而我們卻錯誤地將觀點看作因，而將在現實中好不容易尋找到的特例當作果，成了現實為我們的思考服務，結果當然是不正確的。

在麥肯錫顧問的日常工作中，經常有那種精彩的想法從腦中冒出來，但這種突然冒出的觀點又多是不可靠的。當然，麥肯錫顧問們可以從他們經手過無比豐富的資料中，找到一些事實來支撐他們的觀點。但是他們明白，除非這種觀點真的能夠被大量的現實證明，否則偶爾管用並不能解決問題。如果硬要將其推廣到現實中去，反而會帶給客戶麻煩。

為了證明這一點，我們引用一位任職於華爾街的前麥肯錫專案經理的自述，他這樣說道：「我們曾經為一家大型金融機構做過一個刪減成本的專案。當時，我們發現這家金融機構正忙於用衛星連接它所有的辦公室（它在全球有幾百個辦公室）。這項計畫在幾年前就開始了，那時，這家金融機構已經完成了專案的一半。我們斷定運用現有的技術、傳統的電話線，只需很少的成本就可以做同樣的事。經過測算，按現值計算的話，他們可以節省一點七億美元。

「我們把這個研究結果告訴了負責的專案經理，他是一開始帶我們做這個專案的人，他說道：『你們的想法很棒，我們很喜歡這個本來可以節省幾億美元的建議，但我們已經著手開始做衛星專案了，採納你們的建議有很大的政治風險。要知道我們的能力有限，直白地說，我們需要比這更好的點子。』

「他沒有接受我們的意見看似很荒唐，但是換個角度思考，他是對的。因為『用衛星連接所有辦公室』的工作已經開始做了，而且完成了一半，倘若接受我們的建議，損失的會更多。我們忽略了當前的事實，覺得只用電話線就可以了，而不必使用衛星這麼浩大的工程。」

我們毫不懷疑，那些進入麥肯錫團隊的人都是各個學院的精英，他們善於學習、工作認真、擅長分析和解決問題。在經過嚴格的訓練之後，他們總是成為最優秀的思考者，能夠想出很多很好的點子。但是，一切點子得到應用的前提是，它必須能夠在現實中被反覆驗證，能夠滿足客戶當下的需求，否則就會被淘汰。

我們不否認有些突破性的想法非常好，但企業面對的問題都是很現實的，他們有自己實實在在的優勢、劣勢和局限，只能運用組織裡現有的資源做有限的事，因此對於有些事，他們是無能為力的。作為一名諮詢顧問，你有了解客戶的局限性的責任，你必須根據實際來歸納你的觀點，有時候為了能夠適應現實，放棄一些不切實際的觀點也是不得已的選擇。

這就像，我們絕不排除有的時候，你可以證明一加一等於三，我們也不排除有的時候，一加一等於三帶來的價值要比一加一等於二更多。但一加一等於二更加符合實際，因此你必須放棄自己的觀點。

思維當中一個重要的漏洞是，你能想出一些奇思妙想，但你的觀點無法在現實中得到應用。你不能利用一些特殊的事例來證明你的想法具有普適性，也不能根據一些偶然的成功就堅持要推廣你的觀點。無論如何，當你拿起邏輯思維的武器時，要變得更加負責任，無論是為了你自己，還是你的客戶，你都只能提出那些實際的、經得起檢驗的、來自現實的觀點。

重點整理

實踐是檢驗真理的唯一標準。你的工作方法與觀點必須能夠在現實中被反覆驗證，能夠滿足客戶當下的需求，否則就會被淘汰。

08

去現場蒐集最高品質的情報

發現問題的唯一辦法就是更深入地蒐集與挖掘現場的第一手情報。

麥肯錫團隊曾進駐一家製造公司，該公司的諮詢目標是分析當前一家子公司的盈利能力和企業的擴張機會。這個團隊按照公司給定的思路進行研究，結果許久也沒有得出正確的結論。

在經過幾個星期的資料搜集和分析後，團隊才意識到，這個分支機構需要的不是擴張，而是關閉，團隊的思路被一開始企業提出的問題給誤導了。

搞清楚客戶提交的問題是不是真正的問題，這是說明客戶解決問題的前提。諮詢工作是為了給客戶有價值的結論，而不是去解決那些客戶臆測中的問題。

在此次事件後，麥肯錫團隊也明白了一個道理：要想快速地解決問題，就要去現場搜集最高品質的情報。有時候，一個問題擺在你面前，你想著要把它解決掉，然而，當你真的著手去解決這件事的時候，你卻可能發現，它並不是你想像的那樣。有些時候，情況則更加極端，當你開始著手解決之後，你可能會發現正在解決的問題已經不是你當初面對的那個問題了。

一位具有理工背景的麥肯錫人曾說過一句話：「商業問題的解決是有機而複雜的，就像醫學問題一樣。」商業問題的複雜在於，問題的發現者並不能準確地描述出問題真正的模樣。但我們能夠根據各種證據與搜集的情報，最終找到問題所在。

在具體的諮詢工作中，麥肯錫人都明白這個事實：前來諮詢的客戶對於他們本身的問題並沒有一個準確的描述。如果諮詢團隊僅依照客戶對於問題的描述去尋找解決的方法，那結果一定會南轅北轍。

發現問題的唯一辦法就是更深入地搜集與挖掘現場的第一手情報。因此我們看到，麥肯錫團隊接手工作後第一件事肯定是搜集資料，到處查閱檔案，到處找人問問題。通常要不了多久，團隊就能搞清楚自己走的方向對不對。不過在搜集資料之前要明確「情報搜集目的」。

因為只有了解這一點，才能夠提出真正有建設性的建議。盲目地搜集資料只是浪費時間罷了。而當情報搜集的目的明確之後，搜集的目標才會清晰地顯現出來。目的明確之後，就可以開始「海量」地調查。競爭企業有什麼樣的商品？業界市場最近發生了什麼樣的變化？公司的強項與弱項是什麼？這些資訊都需要時刻注意與觀察搜集。因為搜集資料的人很容易局限於自我的視角之中，但海量地搜集資料則會避免自己有漏查的內容。

透過各種途徑獲取資料並進行分析之後，就可以建立假設了。

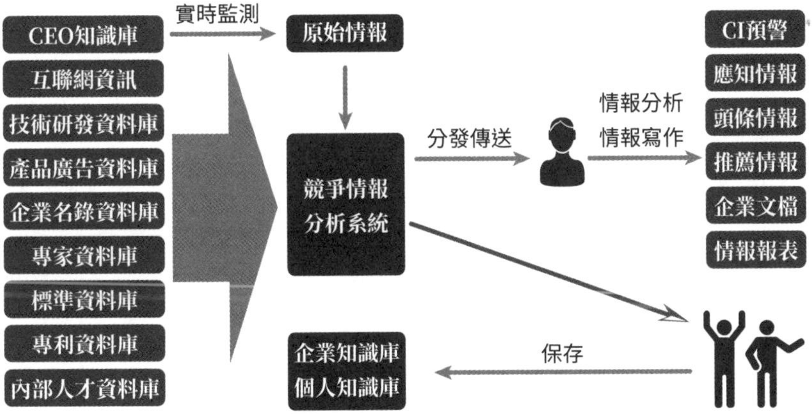

從事顧問的人都明白，商業領域很多問題都有共通之處，比如一家企業的客戶滿意度低可能是因為服務人員的素質問題，另一家也可能是同樣的問題。但是，這並不意味著相似的問題就有相似的解決辦法。

對問題的解決，我們依然需要運用邏輯思維，即以**事實**為解決問題的基礎，並到現實中去驗證對問題的假設。我們都了解，麥肯錫團隊內部有一些屬於自己的解決問題的工具，這些工具是一些分析手段，諸如增值分析、商業流程再造、產品—市場分析矩陣等。這些分析工具有巨大的現實作用，它們讓麥肯錫的顧問們能在很短的時間內將原始資料整理到一個框架之中，並為客戶分析出問題的本質。也正因為如此，一些對麥肯錫持否定態度的人批評麥肯錫說：「它們是把自己的解決方法建立在最現代的管理潮流之上。」

然而，如果麥肯錫真的是這樣一勞永逸的話，那麼他們恐怕就不會這樣受人尊敬了。麥肯錫有很多實用的分析工具，可以幫助顧問完成工作，但工作的核心部分——以事實為基礎的問題分析、去現場搜集最高品質的情報，仍然是艱苦的過程。

前麥肯錫資深專案經理傑森．克萊因這樣說道：「人們以為麥肯錫公司（還有普遍意義上的管理諮詢）有現成的答案。這確實不是麥肯錫的情況。如果是，那麼這家公司就不會這麼成功。」

在解決問題的時候，麥肯錫顧問們所使用的分析工具可能都一樣，但根據實際情況選擇工具的本領並不是誰都有的。例如一位麥肯錫顧問描述說，自己在做價格諮詢的時候，大多數定價問題的答案都是「應該提高你的價格」。

在有了充分的事實情報後，你會發現，大多數公司幾乎都無可避免地應該提高自己的價格。可是，倘若諮詢顧問沒有足夠的調查資料，也沒有認真分析，只是簡單地給出一個答案，那麼他早晚會陷入麻煩當中。

有時候，同樣的問題經過分析之後，得出的答案很可能剛好相反。店鋪的大小、位置、客戶群體、價格、服務態度、店內裝修、經營方法等情報，每一個都是值得我們去搜集的。不要在自己沒有搜集情報前妄下結論。工作中，我們面對

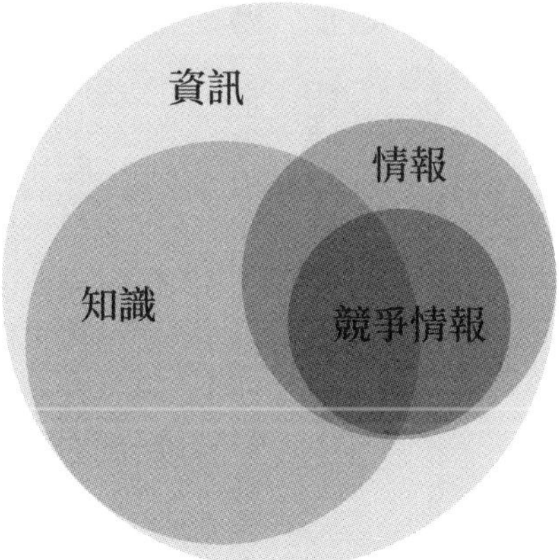

的客戶和問題也是各式各樣的，這就要求我們具體問題具體分析，搜集不同的資料來解決不同的問題。

一個麥肯錫人曾說過，他身為零售業經營顧問團隊一員，會親自前往客戶的店鋪和競爭對手的店鋪，比較兩家店的區別，例如兩家店鋪分別吸引的是什麼客戶群體、客戶群體會買什麼樣的東西等等，之後再將盈利與虧損的店鋪的商品配置、傳單等情況進行詳細對比，就可以一目了然地看出兩者之間的區別。

去現場搜集第一手資料是解決問題的重要環節。去現場一定會給你帶來意外的收穫，使你看清隱藏在統計和資料背後的真相，所以這種工作方法一定要學會。

重點整理

我們在面對問題的時候，一定要先去現場搜集高品質的第一手情報，不可在沒有獲得現場情報的情況下妄下結論。只有情報資訊充足了，經過篩選和分析，才可以做出正確的判斷和決策。

09 確保解決方案適合你的客戶

理解和掌握不同人的不同思維方式，確保解決方案適合自己的客戶，這是征服客戶的必要前提。

麥肯錫團隊曾為美國南部某州的電子企業規畫中國市場的開發。當該團隊與客戶接洽之後，他們發覺客戶對於中國市場已經做出了詳細的調查，這意味著雙方可以直接討論更深一步的問題了。

然而，當雙方開始就很多細節討論之後，麥肯錫團隊發覺問題出現了，原因是客戶雖然做了詳細的調查，但這些調查的結果卻引領對方得出錯誤的結論。譬如，調查結論中有中國國內人均收入超過了六千美金的資料，該公司因此認為中國人的購買力非常旺盛，因此企圖將產品瞄準高端市場。但熟悉中國的麥肯錫團隊卻知道，中國社會存在著嚴重的收入差距，而普通民眾對於儲蓄的熱情是遠遠高於消費的，因而六千美金的人均收入並不意味著中國人真的能夠拿出多少錢來消費，這與美國人賺多少花多少的消費概念是不一樣的。

在麥肯錫內部，對於如何更好地運用大腦中的邏輯思維，有一整套科學的方法論，這套方法論是建立在一個基礎之上，那就是「不同人擁有不同的思維方式」。麥肯錫團隊是由各領域的精英人才組成的，而麥肯錫所要面對的客戶，幾乎也都是各領域成功企業的領導者，他們也是精英。但是，同樣的成功人士，在做事、處理問題的方式方法上卻可能千差萬別，主要就是因為大家的思維方式不同。

因此，理解和掌握不同人的思維方式，確保解決方案適合自己的客戶，這是征服客戶的必要前提。一張心理圖片，有些人看到的是從左向右轉，有些人看到的卻是從右向左轉，導致這種結果的並不是人的視力差異，而是思維方式的差異。

基於同樣的事實，雙方卻得出不同的結論，這就是因為雙方思維方式有著顯著的差異。麥肯錫團隊運用邏輯思維，尋找事實背後的線索，進而推斷出最準確的結論，而客戶公司則運用直覺思維，將事實轉嫁在自己既定的思維認識上面，結果就得出了錯誤的結論。由此可見，了解人的思維方式，進而掌握正確的思維方式，確保解決方法適合客戶，這對於思考問題、解決問題至關重要。

一般而言，人的思維方式主要分為四種：

一、具象思維

具象思維指的是借助於形象的語言或外象，在頭腦中進行聯想的思維。具象思維遵循的規律是描述邏輯思維，因此，它具有「直觀」和「具體」的特性，具有具象思維的人，其頭腦能夠與具象語言緊密連接在一起。具象思維會通過具體的形象進行頭腦運作，比如看到梵谷的畫作會感到無助和絕望；聽史特拉汶斯基（Igor Stravinsky）的作品會覺得亢奮；出去旅遊看到山山水水會覺得心曠神怡……這就是因為聲音和圖像是具體的形象，它們在我們的思維運作下與情感連接了起來。

二、抽象思維

抽象思維指的是利用概念進行判斷，進而推理，最後得到論證後的結論的思維。抽象思維在某程度上與邏輯思維相吻合，嚴密的抽象思維具有邏輯性、推理性和論證性的特點。抽象思維總是與抽象的概念、命題或人工符號結合在一起。在抽象思維之下，人的思想透過概念、命題或人工符號語言進行運作。

例如我們就某現象得出一個歸納性的結論，這就屬於抽象思維。某人對美國大蕭條時代的社會發展狀況進行歸納和總結，進而寫出一本有關於大蕭條時代的經濟學著作，這本著作中的結論，就是抽象思維的結晶。

抽象思維是人類非常重要的思維方式，這種思維方式只屬於人類，因此也可以被看作是人類的發明。因為語言本身是人類發明的，而作為一種抽象化的符號，語言所要表達的東西並不是具體的事物，這導致人的思維可以脫離具體存在的事物而孤立地產生和演進。

我們注意到，現代科學很多理論、知識體系，完全都是建立在歸納和推理的基礎上，在自然界我們無法看到這樣的規律真實存在，但人類依然能夠正確地推導出它們，這就是抽象思維的作用。

另外，抽象思維的最終目的，是能夠更準確地反映出我們對於世界的感覺，用一種公認的「尺度」來定義事物的本質。抽象化脫離了人類的情感干擾，以它自身的規律為基礎，以此保證抽象思維的嚴密性。抽象思維必須從一些最基本的公理出發，利用命題的方法推導出相關的定理、定義、概念和公式，以此確保它的邏輯性。

不過需要指出的是，抽象思維雖然在邏輯思考上非常重要，但這也並不意味著抽象思維就一定能夠得出正確的結論。因為人的思維運作是非常複雜的，在很多時候，基於錯誤的發現、錯誤的觀點、錯誤的固有想法，錯誤的具象思維等，人運用抽象思維進行思考，也可能得出錯誤的結論。

三、直覺思維

直覺思維指的是建立在個人直覺的基礎上，不經過推理和分析的過程，就直接對認識客體下結論的思維方式。當然，直覺思維的建立並非憑空而來，它通常是建立在過去經驗的基礎上，從長期記憶中提取具有問題解決意義的知識體系。

正確的直覺思維是人的心理智慧高度發展的表現，而直覺思維則表現為思維僵化、以自我為中心。擁有強大的直覺思維能力，就代表著一個人擁有強大的心理能力，它包括了觀察力、思維力、記憶力以及既有知識、經歷、環境影響、個體特徵等，當這些能力在短時間內集中體現出來，便讓人對自己的直覺很有信心。需要指出的是，直覺思維在某種程度上還與潛意識相關。當人懂得開發其潛意識能量時，他的直覺思維能力會得到提升。

四、創造性思維

創造性思維指的是跳出固有思維模式，憑空產生創造力的一種特殊思維，創造性思維往往能夠帶來驚喜，讓人獲得創造性的成功。在史蒂芬．賈伯斯（Steve Jobs）決定研發 iPod 的時候，蘋果公司幾乎沒有人支持他，因為大家認為沒有人會買一個縮小版的ＭＰ３，也沒有必要在一個ＭＰ３中放入幾千首歌。但是賈伯斯卻認為這種不符合邏輯的創新一定會有未來，因此他力排眾議，不計成本地研發高端音樂播放機 iPod，終於成功了，今天 iPod 已經成為蘋果公司歷史上銷量最大的產品，而且用 iPod 作為支點，賈伯斯還成功地扭轉了蘋果電腦在市場上的頹勢，隨著 iTunes 的推出，賈伯斯鞏固了 iPod

用戶，同時讓很多iPod用戶在換電腦的時候選擇了蘋果。

創造性思維往往需要顛覆現有的思維體系，因此對於一般人來說並非一件容易的事。但是，擁有創造性思維的人卻往往能夠讓其思維充足發散，進而獲得一些看似不可能實現的結果。因此，我們可以將創造性思維看作一種高層次的思考方式，在前三種思考方式普遍存在於大多數人的頭腦中的時候，創造性思考作為一種稀缺「資源」，往往只會被少數人獲得。

以上四種思維方式是人最根本的思維方式，雖然不同人擁有不同的思維方式，但也只是某種思維方式在其思考的過程中發揮主要作用，並不意味著他完全沒有其他的思維方式。

要謹記，你在工作上會遇見不同的客戶與不同的問題，要根據不同的思維模式想出不同的解決問題的方法，確保解決的方法適合你的顧客。

重點整理

成長與生活的環境不同造成了思維方式的不同，理解和掌握不同人的不同思維方式，確保解決方案適合自己的客戶，這不僅僅是麥肯錫人鍛鍊自己的必要，也是征服客戶的必要。

10 重視「成果」而非努力

如果想要讓一個團隊有效率地工作，就必須讓資訊在團隊內自由流動。讓團隊內的每一個人都對專案的資訊充分了解，從而確保每個人都在同樣的效率線上。

在工作中，你可能會經常聽到這樣的抱怨：「這個月又工作了〇〇小時」、「今天又加班了〇〇小時」。調查結果顯示，越是工作效率低落的人，越容易出現這樣的抱怨。有時候外界因素或突發狀況的確會延長我們的工作時間。但在麥肯錫，即使你發出這樣的抱怨，也不會得到別人的認同與附和。在聽到你的抱怨後，大家通常會說：「是啊，工作辛苦了。那麼，你那麼辛苦與努力後，最後取得了什麼樣的成果呢？」

麥肯錫人深知，所謂的成果，不是你工作一共花了多少時間，而是你是否給客戶提出解決問題的方法，是否讓客戶感到滿意。更詳細地說明的話，就是你身為團隊成員中的一份子，對整個團隊做出了多少貢獻。

不管你在辦公室裡面待了多久，甚至每天只睡兩、三個小時，其餘的時間都在工作，但只要你沒能取得成果，就無法得到別人的好評。反之，就算你每天只工作五、六個小時，但取得了完美的成果，這樣也沒有任何問題。

重視「成果」而非努力。通俗的解釋是，在工作中，麥肯錫人重視工作效率而非工作時間，重視的是如何在最短的時間內高品質地完成工作。一位麥肯錫人曾講過這樣的一個故事：

麥肯錫公司曾經有一位外國合夥人，他每天早上八點前就出現在辦公室裡，一邊吃早餐一邊開會。當時他已身居高位，不用再向誰提交工作成果，只需要對自己負責就行。他每天晚上六點下班的時候就準時消失，不管遇到什麼問題，最晚也只加班到晚上八、九點。這大概就是他使自己工作成果最大化的方法。

對於只看結果的快節奏社會而言，提高效率無疑在工作與其他方面發揮重要的作用。那麼，我們在工作中要怎麼更好地節省時間、提高效率來取得完美的工作成果？這就要求我們學會運用富有邏輯的思維去看事物、解決問題，如果還是和沒有任何邏輯的頭腦一樣，那麼邏輯思考也就沒有掌握的必要了。邏輯思考能夠讓我們以最正確的方式做事，而「正確」就是保證效率的最強因素。在麥肯錫企業文化中，效率往往被看得非常重要。尤其是當顧問們以團隊的形式出現時，保證團隊的效率是非常重要的。

團隊合作也要求個人的工作效率達到最大化，所以我們一定要學會與他人合作，一起高效地完成工作。要讓團隊順暢而又有效率地工作，就要求團隊的溝通能夠順暢，這裡的溝通既包含自上而下的溝通，也包含自下而上的溝通。在麥肯錫團隊內部，他們採用的溝通方式與其他現代化組織所採用的方式完全一樣：郵件、備忘錄、會議記錄等。我們可以說，在團隊溝通的方式方面，麥肯錫公司是沒有什麼新東西可以讓我們學習的。但在方式之外，因為麥肯錫團隊運作已經有了豐富的經驗，那些偉大的顧問積累了許多促進內部溝通的有效方法，對於這一點，我們是可以學習的。

麥肯錫的理念是，如果想要讓一個團隊有效率地工作，就必須讓資訊在團隊內自由流動。讓團隊內的每一個人都對專案的資訊充分了解，從而確保每個人都在同樣的效率線上。「資訊對於你的團隊的意義，就像汽油對於汽車引擎一樣，如果阻礙了流動，你就會停滯不前。」艾森．拉塞爾這樣說道。拉賽爾要求一個團隊內的最底層人員也至少要跟得上整個專案的大致框架，這種情況對於小專案來說可能容易做到，但對一些層級較多的大專案，恐怕就難以做到了。

譬如一個需要五十人左右進行的一次公司上市諮詢，最高層與最底層往往會隔開兩個層級，此時就很難保證讓底層的人能夠接收到上層的信息，上層的人也無法獲知最底層的資訊。然而，拉塞爾卻認為，越是大型的專案，越應該確保溝通順暢。

「對資訊的了解有助於團隊的同事理解他們的工作是如何對最終目標做出貢獻的，他們的努力價值何在。相反，當人們覺得自己在真空中工作的時候，他們會與更大的事業產生隔膜，他們的士氣也一定會受到影響。」拉塞爾這樣說道。

我們需要明白，如果讓團隊的同事跟得上整個團隊，他們會感覺到自己是團隊中的一員，進而願意為團隊努力工作。否則，當他認為自己只是在孤身奮戰的話，那麼他就很可能因為沒有成就感和歸屬感而變得懈怠了。

還有一點，如果我們是處於團隊的中下層的成員，那麼要盡量讓上層管理者了解我們的工作進度。拉塞爾強調說：「如果你把自己的上司蒙在鼓裡，不要以為他會無動於衷。當他知道一切都在掌握之中的時候，他會相當受用。如果事情不在控制之下，那麼你就要讓上司確切地了解問題的性質，以便他可以盡可能有效地運用他的專長。」

每個人都是構成企業的一分子，集體的工作效率也是由個人的工作效率決定的。所以，在工作中，我們不要通過自己的工作時間長來獲得好評，要專注於提高工作的品質與效率。要學會利用時間管理的方法來提高工作效率，你可以嘗試以下方法：

一、備忘錄

將所有需要做的事情都記錄下來，每完成一件就消去一件。

二、工作計畫

即為每件需要完成的事情都分配、安排一個預定的時間段，將每個時段內需要完成的工作都列成一個時間表。

三、排列優先順序以追求效率

由於要完成的工作越來越多，在規定的時間內可能無法全部完成，這時候就需要按照輕重緩急，對工作任務進行時間排序，以提高工作效率。

四、以價值性和重要性為導向

一切以價值性和重要性為評判標準，創造生產力、創造價值多的工作優先去做，相反的工作則要盡量少做，甚至不做。

切記，如果能夠取得自己滿意的成果，那麼工作時間的長短都無所謂。而對此進行掌控的是你自己。知道這一點後，就要對時間的規畫方法進行根本性的改變，以此來提高工作效率。

重點整理

工作中最重要的是成果的大小，跟勞動時間沒有關係。你要學會掌控時間，做好時間規畫，以此來提高工作效率。

第二章

解決問題的高效武器：分析

01 用「鷹眼」進行分析，找出最佳的解決辦法

當局者迷，旁觀者清。

葉子在日本一家大型公司擔任祕書，主要任務是為老闆安排出差行程。她的老闆每天奔走於全國各地，與各地的客戶洽談合作。在一般情況下，為了盡可能替老闆節省時間，使其快速到達目的地，葉子都會選擇「飛機」作為主要交通工具。但是有一次，她的上司要去廣島出差時，葉子卻為其安排了時間更長的「新幹線」。這是為什麼？

原來，葉子非常了解她的老闆，她知道他平時需要寫很多東西，但由於工作繁忙而無暇寫作。那麼，怎樣才能讓老闆騰出一些時間寫作而又不耽誤行程？經過一番分析，

葉子想到一個好辦法，那就是讓老闆搭乘新幹線，因為在新幹線裡面可以不受干擾地進行寫作。

葉子將自己的想法告訴老闆後，老闆欣然同意。這種做法不但保證老闆有足夠的時間寫作，對公司的發展也非常有利，因此葉子得到了老闆的讚揚。

從這個故事可以看出，葉子是一個做事非常用心的人。她的獨到之處在於，她沒有站在「出差就是要坐飛機，以求盡快抵達目的地」的自我觀點去解決問題，而是跳出這個框架，站在更高一層的俯瞰視角去分析問題，所以更妥善地完成了自己的工作。

俗話說：「當局者迷，旁觀者清。」當我們去解決一件事的時候，我們的潛意識會讓我們被「自我視角」或「自我評價基準」所誤導。也就是說，我們常常會被約束在自己創建的條條框框中。

例如在生活中，當有人向你抱怨「週末晚上睡不著，導致週一早上遲到」，並向你徵求改進意見時，你可能會根據自己平時的做法，給出「先設好週一早上的鬧鐘」的解決方案。但實際上，你的解答對對方並沒有幫助。因為他的遲到問題並不是「設個鬧鐘」就能解決的。這時候就需要跳出「自我視角」，站在對方的立場進行思考，擺脫自己的思考方法、經驗以及常識的影響，找出真正解決問題的方法。這就是麥肯錫工作法中常說的「俯瞰視角」。

所謂「俯瞰視角」就是對可能導致該問題的原因進行綜合分析。就拿上面的問題來說，對方遲到的原因可能是「週末玩得太累」，或是「生病了身體不舒服」，也可能是「和公司某位同事的關係不好，不願上班」……這些原因既包含了自我視角，也包含了對方視角和第三方視角，是全方位的。唯有站在俯瞰的角度，才能夠提出真正有建設性的解決辦法。在具體的諮詢工作中，麥肯錫人都明白這個事實，他們知道影響自身決策其中一個很重要因素就是自我視角。

唯有採用「俯瞰視角」來分析問題，才能了解事情的真相。而前來麥肯錫公司諮詢事務的客戶往往對於他們本身的問題並沒有一個準確的描述。如果諮詢團隊僅僅是依照著客戶對於問題的描述，就從自己的主觀思考出發，去尋找解決方法的話，那結果就一定會南轅北轍。

搞清楚客戶提交給你的問題是不是真正的問題，就要擁有從上方觀察一切的「鷹眼」。諮詢工作只有建立在客觀分析的基礎上，才能避免臆測和妄斷，避免走入死胡同。

只有採用「俯瞰視角」，才能提高做事效率，為客戶帶來有價值的結論，從而幫助他們解決問題。一位病人來到醫生的辦公室，對醫生說自己發燒了。接著，他向醫生描述了自己的症狀：流鼻涕、頭痛、耳鳴、渾身發冷。

這一切的症狀都讓人覺得他確實發燒了，於是醫生便按照發燒對病人進行診治。這個例子裡面的醫生基本上不會存在於現實當中，如果真的碰巧被我們遇到，那只能說這名醫生太不專業了。專業的醫生會將病人的症狀作為旁證，而不是將之視為真的病症。

要了解病症，就需要翻開病人的病歷，問一些客觀的問題，然後做一些檢測，最終根據科學診斷，做出自己的病情判斷。而這些不是病人能夠知曉的。如果把有問題需要解決的企業視為病人的話，那麼麥肯錫的專業諮詢人員就是為病人消除疾病的醫生，他們在為企業解決問題時，如果採用「自我視角」，很可能不但解決不了問題，還會連累病人。

最有效的辦法應是，採用從上方觀察一切的「俯瞰視角」，更加科學客觀地分析問題，解決問題。在工作中，想要擺脫自我視角，有一個鍛鍊的方法，那就是經常檢查自己是否在用自我視角看問題，並且站在一個更高的角度來審視自己「為什麼會用自我視角看問題」。

如果你能經常進行這樣的鍛鍊，就能擁有更加開闊的視野，並且擺脫自我視角，不再輕易對別人提出的問題做出判斷，而且使俯瞰視角成為自己分析問題的習慣，從而提升工作效率。

重點整理

在工作中遇到問題時，切忌條件反射般地用「自我視角」進行判斷，你需要用「俯瞰視角」進行多方位觀察，選擇對自己、客戶以及公司都有好處的方法。

02 SCQA分析，幫你發現問題、設定課題

去除許多沒有用的資訊，有助於節省分析問題的時間和精力，也能夠幫助我們準確地為問題做好定位。

芭芭拉．明托（Barbara Minto）女士是哈佛商學院歷史上第一位女學員，身為當時少有的投身於經濟和商務研究的女性學者，明托女士在離開哈佛之後沒有選擇華爾街，而是到麥肯錫公司當顧問。

在麥肯錫的十年間，明托漸漸在工作中摸索出很多解決問題的規律，其中尤以金字塔原理最為著名。明托認為，對於事情本身來說，最重要的是結果，因而對於事情的思

考應該以結果為導向，進行結構化、分層次的整理。

一開始，明托將金字塔原理應用在寫作上面，她發現這對於寫出結構嚴謹、條理清晰的文章很有幫助，之後，金字塔理論開始逐漸被應用到其他領域。因為金字塔理論本身是一種邏輯思考方式，因此也可以被應用於歸納和總結問題上面，而對於問題的歸納和總結，又以金字塔原理的核心部分——SCQA分析最為關鍵。

SCQA是搭建問題解決方案的整體框架，其中的S是英文Scene的縮寫，意思是情景或場景。在分析問題時，需要分析者將問題帶入大家比較熟悉的場景之中，便於對照理解。

C是英文Conflict的縮寫，意思是衝突。在情景之中，要表現出來一個或多個矛盾或衝突，這些矛盾或衝突必須由（最好是僅由）後面的Answer來解決。

Q是英文Question的縮寫，意思是問題。在這裡，分析者需要面對上述矛盾和衝突，引出問題，即我們該如何解決。

A是英文Answer的縮寫，意思是答案，這就是最終的目標，為整套邏輯思考過程得出一個結論。

下面，我們以實際的案例來論證一下SCQA框架是如何運作的：

約翰・錢伯斯（John Chambers）是商業歷史上最著名的CEO之一，曾經就職於王安電腦公司和IBM的他，對於網路世界有著相當的執著與熱情，後來他跳槽進入思科（Cisco），經過一系列改革，最終帶領思科成長為行業中的巨無霸企業。

在剛剛進入思科的時候，錢伯斯面臨的是一個競爭激烈的市場環境，用戶需求多變，技術更新加快。思科當時技術研發落後於對手，市場反應也慢於對手，因此在市場競爭中處於下風。進入思科之後，錢伯斯剛剛就職就做了兩個重大的

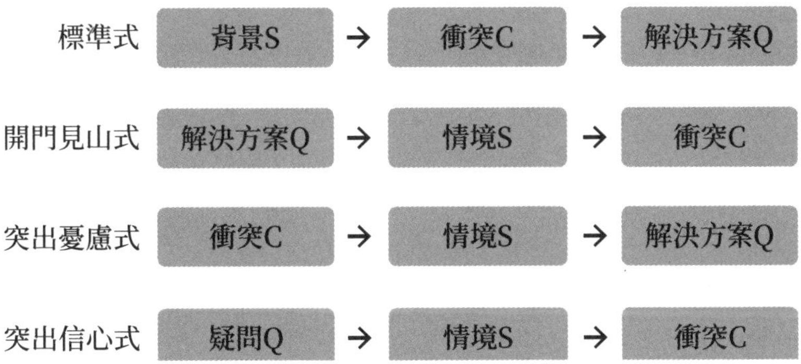

SCQA 基本結構

變革，一是重視市場和客戶，根據客戶的要求來決定技術的方向；二是把市場分段，在每個產品領域爭取第一或第二的位置。

為了增進對用戶的了解，錢伯斯要求公司每年都要在世界各地舉辦大量的技術報告會和技術研討會，每當有一項新的網路技術初露頭角之時，都要第一時間介紹給用戶。同時，錢伯斯還要求思科從副總裁到產品部經理，整個公司的獎金都以客戶的回饋意見為依據，把用戶的滿意度切實地與員工的切身利益聯繫起來。為了及時與使用者溝通，更好地為客戶服務，思科建立了全球支援模式，憑藉此模式，思科保持著極高的用戶滿意度。

在錢伯斯這些變革的指引下，思科公司在從一九九九年到二〇〇九年這十年間曾經七次改變方向，客戶需要什麼樣的技術和產品，思科就往什麼方向轉移，結果經過十年的積累，思科不僅賺得了豐厚的利潤、穩定了客群，還從一個單一生產路由器的公司變成一個生產二十五類網路通信設備的綜合性公司。

透過市場分段，錢伯斯進一步穩定了思科在系統服務行業領域的地位。在發現一個新的服務領域之後，如果自己的實力不足以獨占，錢伯斯就會選擇與行業內已經存在的企業合作，甚至收購或併購對方的公司。錢伯斯的第一個收購就是因為他的客戶需要某一家公司的產品，而思科無法生產，於是他便決定把這家公司買過來。截至二〇一〇年七月，在錢伯斯的主持下，思科一共收購了六十一家公司，付出了幾百億美元的代價，當然這些代價也是值得的，透過收購，思科公司最終走上了一條成熟的多元化發展道路。

在錢伯斯到來的時候，思科的情景是「市場競爭激烈」、「技術更新換代快」、「用戶需求變化快」；當時思科面臨的衝突是「與用戶之間衝突」、「與對手之間衝突」、「企業內部衝突」；而錢伯斯面臨的問題就是如何來解決這些衝突；最終，他給出的答案是增加技術研發投入、瞄準市場……

SCQA框架首先所要思考的就是情景，商業不可能脫離社會存在，因此無論何種商業狀況，一定是依託於某種情景而存在的，經濟蕭條、市場繁榮、行業整頓或技術革新……

其次是衝突，有很多衝突是在表面上顯而易見的，有些則不然，它需要我們去歸納和發掘。事實上，表面上的衝突很容易將暗藏在內的衝突掩蓋起來，因而發現和尋找衝突，可以完善整個思維框架。

例如某個企業既存在內部的問題，又存在外部的問題，兩個問題導致了同一個結果，我們在分析這個結果的時候，如果只看到外部問題而忽略內部問題，其結果就是問題解決不完善，達不到想要的結果。

再次是問題，問題這個部分的意義在於，歸納出前面兩項的結論以及對結論進行必要性分析。有些衝突我們需要解決，有些衝突則不需要解決，有些衝突需要著重來解決，有些衝突則只需要引導。

最後是答案，答案可以包括為最終的目的提供指導，指出解決問題的方法，但也包括最終要實現的目的。

總而言之，SCQA框架是一種以結果為導向的分析策略，其實質仍然是富有邏輯的思維方式。使用這種方法的好處是，能夠為整個問題的解決提供一條簡便且清晰的邏輯主線，說明去除很多沒有用的資訊，這有助於節省分析問題的時間和精力，也能夠幫助我們準確地為問題做好定位。

重點整理

SCQA框架是一種以結果為導向的分析策略，能夠為整個問題的解決提供一條簡便且清晰的邏輯主線，能夠幫助我們準確地為問題做好定位。

03 以MECE法則分析

如果用兩個詞來形容MECE分析法的話，那麼就是「相互獨立」與「完全窮盡」。

西元十四世紀，邏輯學家奧卡姆（Ockham）提出了一個邏輯觀點，內容是「切勿浪費較多資源去做那些用較少的東西同樣也能做好的事情」。簡單來說，就是將一切事務盡量簡化。這個原則被認為是極簡主義的典範，而這條原則也被後人稱為「奧卡姆剃刀原理」。

在邏輯分析領域，一個被應用得非常廣泛的奧卡姆剃刀法則是MECE分析法。MECE全稱Mutually Exclusive Collectively Exhaustive，核心概念是指對於一個重大的議題，能夠做到不重疊、不遺漏地分類，因而能夠有效把握問題核心並予以解決。

MECE分析法強調在解決商業問題或者其他任何問題的時候，我們要盡量理清自己的思路，在保持思考邏輯完整的前提下，避免因為任何原因而導致的困惑及糾纏不清。如果用兩個詞來形容MECE分析法的話，那麼就是「相互獨立」與「完全窮盡」。

MECE用最高的條理化和最大的完善度，幫助我們理清思路，進入簡明扼要的邏輯思考當中，因而避免了很多不必要的精力浪費。正因為MECE分析法有著如此的優點，麥肯錫顧問一直將其視為最基礎的思維工具之一。

在麥肯錫，MECE分析法是解決問題過程中不可缺少的要素。每當有新人加入麥肯錫團隊時，便被要求立即學習和掌握MECE分析法，並且不斷地在實踐中應用，從而使得它被完全灌輸進腦海之中。問任何一位麥肯錫員工，在解決問題的辦法中他們對哪種方式印象最深，他們的回答肯定是「MECE分析法」。

而在麥肯錫自身的管理當中，也有很多強調MECE的地方。例如，麥肯錫要求每一位顧問提供的每一份檔案、每一次情況說明、每一份電子郵件或音訊都必須是「相互獨立」且「完全窮盡」的。

說了這麼多，MECE分析法到底是怎麼運作的？MECE從解決方案的最高層次開始，分析出你所必須解決的問題的各項組成部分。當你覺得這些內容已經確定以後，仔細分析它們，看看它們是不是每一項都各自獨立，是不是每項都可以清楚區分。如果是的話，那麼你的內容清單就是「相互獨立」的。然後再分析這個問題的每一個方面是不是都出自所列內容的一項（而且是唯一的一項），也就是說，你是不是把一切都想到了？如果是的話，那麼你所列的內容就是「完全窮盡」的。

對於MECE法則，曾任職於麥肯錫顧問公司的埃森・拉塞爾（Ethan M.Rasiel）曾舉例論述：假定美國著名的製造商阿卡米飾品需要進行一項研究，題目是「增加飾品的銷售量」，那麼你會怎樣解決這個問題？你也許會提出如下一些方法：改變把飾品賣給零售商的方式；改善針對消費者的市場行銷方式；減少飾品的單位成本以降低飾品的價格。即便這個清單看起來相當普通，那也沒什麼問題。在接下來的部分，我們將深入討論細節層次的問題。關鍵是這個清單要符合MECE的要求。

假定你加入了另外一項內容，例如「重新調整飾品生產程式」，這個問題與你已經提出的三個問題如何相並列？這當然是一個重要的問題，但它並非與其他問題相並列的第四點。它處於「減少單位成本」之下，與「調整分銷系統」、「改善存貨管理」這一類的問題是並列的。為什麼？因為所有這些都是減少飾品單位成本的方法，把它們中間的任何一項或者是全部與清單上其他三項並列在一起就會造成重疊，重疊意味著分析問題的思路含混不清。

如果你已經確認清單上的所有內容都是獨立的、清楚的，即保證了「相互獨立」，那麼接下來你還必須進行審視，以保證它同時還囊括了與這一問題有關的所有內容或事項，即「完全窮盡」。

MECE分析法，最根本的目的是避免思維以偏概全和邏輯混亂。透過分析將問題排列得更加有條理，形成完整的三級（或多級）邏

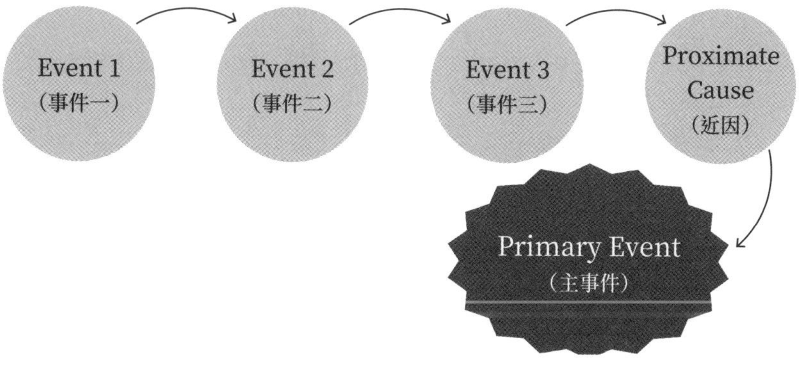

輯線，這是MECE分析法的最大作用。那麼，MECE分析法是如何展開的？

第一，確認問題是什麼。辨別當下所遇到的問題以及分析問題所要達到的目的，才能著手去搜集資料，不致漫無目的地東挑西選，讓分析的邏輯變得混亂起來。**第二，尋找符合MECE分析法則的切入點**。尋找切入點的最佳方式是分析「問題」和「目的」，即你希望透過資料來解決哪些問題？得到什麼樣的結論？不過，如果始終想不到明確的切入點，讀者也不妨先思考一個材料呈現的整體特徵，再找出與之相對的概念。再進一步，讀者也可以先列舉出手邊所有資料的特徵，再將這些特徵進行歸納分類。在這裡需要注意的是，MECE的切入點往往不止一個，擅長MECE思考的人，會從各種角度、立場去拆解一件事情。因此，在用MECE分析問題的時候，要盡量從不同的角度去思考，才能尋找到最有助於解決問題的邏輯線。

第三，劃分專案，繼續以MECE細分。有的時候，我們雖然已經對資料、問題或者答案進行了分類，但有可能分割得太過寬鬆，也有可能分割得不夠嚴謹。此時，我們需要用MECE法則來檢視分割的過程，如果能夠繼續細分的話，一定要細分下去。**第四，確認分割有無遺漏、錯誤**。讀者必須審視分割的切入點是否合適，也就是有沒有專案被錯誤地分割到了不屬於它的框架之中，或者有沒有重要的項目被遺漏，同時也要審視是否有些專案根本就沒有歸屬。當然，如果有必要，對於那些無法分析從屬的項目，也可以將其歸到「其他」類別當中。

透過以上四個步驟，再繁雜的資料、再繁瑣的問題，都能夠建立起邏輯框架，進而被拆解開來得到最終的解決。MECE在概念上並不算難，但要能夠靈活地應用，則需要我們在日常的工作和生活中不停加以練習。作為一種極簡主義的思維武器，MECE在分析和解決問題上能夠給我們帶來很多幫助，對於這種武器，我們應該牢記，以便在需要的時候，隨時可以拿出來使用。

重點整理

MECE是一種極簡主義的思維武器，工作中為避免思維的以偏概全和邏輯混亂，我們可以透過靈活運用MECE，從而把問題排列得更加有條理，形成完整的三級（或多級）邏輯線。

04 適用於業務分析的SWOT與「五力」

使用SWOT分析法與波特五力模型，有助於在分析和解決問題時更具有客觀性、科學性。

一家設立於中國的物流企業將要加大投資，以拓展在全國範圍內的市場，對於投資的前景，麥肯錫諮詢顧問用SWOT法分析如下：

機會：國家政策的支持；中國經濟保持持續較快的增長，地區間經濟的融合，將擴大物流市場容量；電子商務的高速發展，網上購物趨勢促使物流的需求量進一步擴大；精良自動化中轉設備、終端設備、資訊管理系統的應用將進一步提高物流產業操作效率。

威脅：競爭程度在不斷加劇；國際物流公司進一步滲透；大型企業的多元化，電商組建自己的物流網路；政府對環境治理力度不斷增強，物流業需要支付更多的節能成本；不斷提高的人工成本和營運場地租金，將增加企業的經營費用。

優勢：從事物流多年的經驗；良好的企業財務盈利能力；基本覆蓋全國的直營網點；先進的資訊管理系統和技術設備；良好的企業品牌形象。

劣勢：人才缺乏；一線、二線新入員工流失率相對較高，增加企業用工成本；融資管道單一；三線城市缺乏網點。

SWOT分析法具體是指，以優勢（strength）、劣勢（weakness）、機會（opportunity）和威脅（threats）來分析一件事的可行性。實際上是將一件事的內外部條件各方面內容進行綜合和概括，進而分析出優劣勢、面臨的機會和威脅的一種方法。它在企業戰略決策、前景分析等方面有著很重要的作用。

在問題分析領域，麥肯錫顧問公司最知名的工具莫過於SWOT分析法，它的知名程度甚至超過了麥肯錫，在很長一段時間裡成為很多商業決策的重要參考工具。因而，了解SWOT分析法，不僅僅對於鍛鍊邏輯思考能力有很大的幫助，對於了解麥肯錫的企業文化也有著極大的作用。

在這份分析報告中，該企業的優勢、劣勢、機會與威脅被全面地概括了出來，閱讀者可以一目了然地看出問題出在什麼地方、需要從何處著手解決問題。清晰、條理性、針對性、對比性，這便是SWOT分析法則的優勢。具體到SWOT分析法則是怎樣運作的，這需要我們對SWOT之中的OT和SW兩個環節分別加以說明。

我們以企業戰略分析為例，OT即企業面對的機會與威脅，分析OT主要的目的是分析企業所在的生存環境對企業的影響。環境的影響可以分為兩大類：一類表示環境威脅，另一類表示環境機會。環境威脅指的是環境中一種不利的發展趨勢所形成的挑戰，如果不採取果斷的戰略行為，這種不利趨勢將導致企業的競爭地位受到削弱；環境機會則是指對企業行為富有吸引力的領域，在這一領域中，該企業將擁有競爭優勢。

SW即企業的優勢和劣勢，這是對企業內部條件的分析。識別環境中有吸引力的機會是一回事，擁有在機會中成功所必需的競爭能力是另一回事。每個企業都需要定期檢查自己的優勢與劣勢，才能保證持續的競爭力。當然，企業的優勢和劣勢也是相對來說的，兩個企業處在同一市場，或是它們都有能力向同一顧客群提供產品和服務時，如果其中一個企業有更高的贏利率或贏利潛力，那麼，我們就認為這個企業比另外一個企業更具有競爭優勢。換句話說，所謂競爭優勢是指一個企業超越其競爭對手的能力，這種能力有助於實現企業的主要目標——盈利。

但值得注意的是：優勢並不一定完全體現在某一點上，很多能夠讓企業保持相對競爭力的因素，都可以被視為優勢。使用SWOT分析法的好處在於，能夠找出對自己有利的、值得發揚的因素，以及對自己不利的、需要規避的因素，進而發現存在的問題，找出解決辦法，明確以後的發展方向。

根據SWOT分析，我們還可以將問題按輕重緩急分類，明確哪些是急需解決的問題、哪些是可以稍微放過的問題、哪些屬於戰略目標上的障礙、哪些屬於戰術上的問題……將這些研究標的列舉出來，依照矩陣形式排列，然後用系統的方法，把各種因素相互匹配起來加以分析，從中得出一系列相應的結論，而結論通常帶有一定的決策性，幫助我們做出較正確的決策和規畫。

需要注意的是，在進行SWOT分析的時候，我們需要堅持的原則是，必須對企業或問題有客觀的認識；必須能夠區分當前的情況和未來的前景；必須要考慮全面；必須保持簡潔而避免過度複雜化。譬如，我們運用SWOT分析法分析一個問題的解決方案時，需要全面考慮當前的問題以及這個解決方案所引起的所有變數，還必須與其他的解決方案相互比較。

對於我們來說，比較兩種事物之間的優缺點是容易的，但分析事物的內外部環境則並不容易，由此，便引出了另一種分析工具——波特五力模型。在麥肯錫團隊就商業問題尤其是企業戰略問題進行分析時，SWOT分析法則總是與波特五力模型相互結合在一起。

波特五力模型是「競爭戰略之父」麥可．波特（Michael Porter）提出的，這位曾五次獲得「麥肯錫獎」的管理學家在商業管理界享有很高的聲望。麥可．波特認為，企業的戰略環境可以分為五種力量來分析，這五種力量分別是進入壁壘、替代品威脅、買方議價能力、賣方議價能力以及現存競爭者之間的競爭。

任何商業環境，無論是國內的還是國際的，無論是生產產品還是提供服務的，無論是正在萎縮還是前景美好的，都可以體現在這五種競爭的作用力上。因此，波特五力模型就成了我們分析企業環境問題必不可少的工具。

我們仍然以之前分析的物流產業為例，改以波特五力模型來分析產業環境，其結果如下：現存競爭者中國國內快遞企業通過多年的發展，已初步形成一些規模相對較大的快遞企業，如EMS、順豐、申通、圓通、韻達等快遞公司，再加上國有的中國郵政。

這使得中國國內市場形成了國有企業、民營企業和外資企業並存的局面，隨著發展的繼續，競爭將更加激烈。潛在進入者分析航空公司和大型企業做多元化擴大，依靠雄厚的資源支持或航空運輸能力，開展多元化經營。

區域性快遞公司在細分市場中業務發展得不錯，積累了一定資金後，開始逐步開拓省級快遞業務。替代品分析物流產品通常的替代品有電話、電報、傳真及電子郵件。從總體來看，檔類物品可替代性高，而包裹類物品必須通過運輸來傳遞，所以對快遞產品服務衝擊更小。

物流公司的主要供應商集中在航空公司、貨車製造商、紙箱、印刷廠、包材廠等，各類供應商因供應的資源不同，議價能力也相對不同。購買者的議價能力快遞市場規模不斷擴大，發展速度較高，吸引大量的企業從事快遞業務，因而也就給用戶提供了廣闊的議價空間。

不過目前中國國內高端物流市場還是比較冷清，如果在高端市場開展業務，客戶的議價能力便不再那麼高了。

從上述的五點中，我們可以勾勒出一幅完整的物流產業發展環境圖，而在這個圖中進行優勢和劣勢的比較，就會更有益於發現問題、解決問題、完善戰略和實施戰略。

SWOT分析法與波特五力模型基本都是源於麥肯錫團隊，作為一家以解決商業問題為主的公司，麥肯錫多是將這兩者應用於商業，尤其是企業戰略的分析當中，但這並不代表它們不能應用於別的領域。

掌握並能夠熟練使用SWOT分析法與波特五力模型，將會提供讀者分析問題的新工具，幫助讀者在分析和解決問題時更具有客觀性、科學性。

重點整理

工作中，要掌握並能夠熟練使用SWOT分析法與波特五力模型，它能說明你更客觀、科學地分析和解決問題。

05 情境分析，預想所有可能發生的事

觀察和思考問題的時候，要保持一種掌握事物全貌的習慣。

一九八五年，可口可樂公司當時的董事長羅伯特·戈伊朱埃塔（Roberto Goizueta）曾主導過一次改革，這個改革是針對可口可樂無比神祕的配方做出的。戈伊朱埃塔宣布，可口可樂公司將放棄它堅持了百年一成不變的傳統配方，轉而推出新的配方可樂。

戈伊朱埃塔宣稱，在過去的幾年裡，公司進行了祕密的研究。通過嚴謹細緻的研究，公司發現了消費者需求的變化，決定調整配方口味，推出更適合消費者口味的新一代的可口可樂。可口可樂公司的行為可不是一時衝動，而是花了四百萬美元，超過十九萬次

的品嘗實驗，參加者來自各個年齡組，來自全球的每個地區。

可口可樂確信自己找到了真相，這個真相包括：可口可樂的市場增長速度從每年遞增13％下降到只有2％；競爭對手百事可樂的市場份額從6％飆升至14％；在過去的十年中，百事可樂的忠誠消費者從4％上升到11％，可口可樂的忠誠消費者從18％下降到12％……所有的資料最終說明：消費者口味變化是可口可樂銷售瓶頸的唯一實際原因。

爾後，可口可樂公司對於新配方做了一系列的實驗，實驗表明：在不告知測試者品牌的情況下，口味測試的結果是新可口可樂以6％到8％的領先優勢擊敗百事可樂。

在不允許測試者看到商標的情況下，新可口可樂的滿意度超過原版可口可樂10％，結果為55％對45％。在允許測試者看到商標的情況下，新可口可樂的滿意度超過原版可口可樂22％，結果為31％比上39％。

可口可樂公司確信自己發現了市場需求，以毋庸置疑的態度實施可口可樂的升級計畫，宣布生產新可樂。一點五億人在「新可樂」問世的當天就嘗過了，看上去一切正常，然而後續的發展卻出乎所有人的預料。

一個月之內，可口可樂公司每天接到超過五千通抗議電話以及雪片般飛來的抗議信件。有封信是這樣開頭的：「親愛的糊塗老總，是哪個笨蛋決定改變可樂配方的？」那些忠於傳統可口可樂的用戶甚至建立了「美國老可樂飲者」的組織，發動全國抵制「新可樂」運動。

當年的五月，可口可樂公司在全國四十五個城市派送了一百萬罐「新可樂」，用近乎哀求的方法讓消費者試一試，但結果卻是一箱一箱的「老可樂」被買空。在麥肯錫的商業資料中，這是一個十分有趣的案例，無論從哪個角度看都不合理，然而卻真實地發生了。

在進行思考的時候，為了保證邏輯的完整性和一貫性，我們需要極力規避以偏概全，關於這一點，我們在之前已經有所提及。那麼問題是，如何才能避免這種以偏概全的問題？這就需要我們做全面的情境分析，預想所有可能發生的事。

簡單來說，就是在觀察和思考問題的時候保持一種掌握事物全貌的習慣。當麥肯錫的顧問在為客戶分析問題的時候，他們不會問客戶問題出在哪裡，即便客戶明確表示他們只需要解決客戶提出的問題就可以，但麥肯錫的顧問們還是會試著為企業做一次全面的分析。因為，問題的解決需要中放在整個企業的背景下，否則，問題就一定會死灰復燃。

因此，對於麥肯錫顧問們來說，掌握事物全貌是一個非常有益的習慣。該習慣能夠說明他們更深刻地認識到問題的所在，幫助他們看到很多常人看不到的東西，並且幫助他們理解很多在我們看來很荒謬的事情，找到這種荒謬背後的合理性。

在商業活動中，我們總是能夠看到一些明顯不合理的問題存在。這些不合理的問題如果不是親眼見到，我們會覺得它「不可能」，但這些不可能的背後，卻存在著必然的可能性，只不過我們不善於從全貌看問題，因而也就無法知曉這種必然性。

就以上面的案例來說，明明是為了適應市場的發展而研發的新產品，卻遭到市場的冷落，這無疑是戈伊朱埃塔始料未及的。然而事情到這裡並沒有結束，因為之後還發生了更加令人難以理解的事情。消費者如此的敏感，引來很多消費者行為研究者的注意，他們意識到這是個很嚴重的問題。難道消費者是真的不在乎那些更加適合他們口味的飲料嗎？

為了解決這個問題，一些研究機構做了一項研究，結果得出的結論卻頗為諷刺。研究者隨機挑選幾百位可口可樂的愛好者，第一步先請他們品嘗一杯無標籤的可樂，然後讓他們回答自己喝的是新可樂還是舊可樂，這樣的試驗做了十次，結果十次全部答對的人還不到1％。接著是試驗的第二步，研究者讓愛好者們品嘗兩杯可樂，然後指出哪一杯更好喝，其實這兩杯完全是研究者隨機挑選的，有的兩杯全是老配方的可口可樂，有的兩杯全是新配方的可口可樂，有的則是一樣一杯。這樣的試驗做了五次，最後這些愛好者的答案能夠與自己聲稱的喜好一致的幾乎沒有，更有趣的是，有些人喝的明明是同一種可樂，卻能夠在其中分出哪一杯是新可樂，哪一杯是舊版可樂。

這個結果無疑更加讓人難以置信，但它又確實發生了，對此，很多研究者都不知所以然，他們一致認為是消費者在撒謊。但是，參加實驗的愛好者完全沒有撒謊的必要，他們只是忠於自己的判斷而已，那麼，問題到底出在哪裡？其實，這些研究者之所以找不到問題的答案，就是因為他們沒有試圖去掌握整個事物的全貌，這個事物指的是用戶對於老配方可口可樂的忠實。

他們只是從口味的選擇上面來分析問題，但問題的關鍵恰恰不在口味上面。如果我們從事件的全貌來看，就能發現問題到底出在哪裡。

自一八八六年美國消費者第一次品嘗可口可樂，他們便與這種由美國人自創的飲料結下深厚的感情。此後，可口可樂的發展正好見證了美利堅民族的崛起，它見證了美國領土的擴張、見證了自由女神像的誕生、見證了兩次世界大戰、見證了黑人民主運動、見證了美國成為世界第一強國……在這個過程中，可口可樂已經成了美國的一個標誌，承載著其過去無數的輝煌。因此，消費者選擇可口可樂並不因為它口味有多麼獨特，而是因為這個品牌給人一種融入美國歷史、品味美國精神的感覺，消費者購買可口可樂不僅僅是一種飲料消費，也是一種情感消費，所以他們當然無法容忍有人去隔斷這種與歷史的連結。

當我們看清事物的全貌，問題就變得無比明朗了，思維的界限也得以拓寬。如果思考總是局限在一個狹小的範圍之內，而問題卻在範圍之外，那麼即便邏輯再正確，也無法真的解決問題。

所以，看問題時要從大處著眼。以「起因－過程－結果」的邏輯線來認識問題的出現，以「歷史－未來」的邏輯線來分析問題的根源，以「部分－整體」的邏輯線來觀察問題的環境，這能夠幫助我們掌握事物的全貌，無死角地分析問題。當我們學會了情境分析，並預想所有可能發生的事，就會把掌握事物的全貌培養為一種習慣，我們的思考必然會更加全面和透徹，解決問題也會更加客觀和深入。

重點整理

了解事情的全貌，可以拓寬我們的思維界限，在工作中無死角地分析和解決問題。所以，要學會情境分析，並預想所有可能發生的事。

06 思考組織策略的「7S」

麥肯錫人深知，軟體與硬體同樣重要，並用7S模型提醒各位企業家與管理者。

美國在二十世紀七、八〇年代，經濟十分不景氣，很多人都面臨失業的痛苦，那時的美國很信服日本企業的經營方法，但在聽夠了關於日本企業成功經營的藝術等各種說法之後，美國也在努力尋找適合本國企業發展和振興的法寶。

湯姆．畢德士（ThomasPeters）和羅伯特．沃特曼（Robert Waterman），兩人都是史丹佛大學的管理碩士，也長期為著名的麥肯錫管理顧問公司服務。他們兩人為研究和解決這次危機，訪問了美國歷史悠久、最優秀的六十二家大公司，又以獲利能力和成長速度為準則，挑出了四十三家傑出的模範公司。他們對各行業的龍頭企業（包括ＩＢＭ、德州儀器、惠普、麥當勞、柯達、杜邦等）進行了深入的研究調查，調查完成後，他們又以麥肯錫顧問公司研究中心設計的企業組織七要素（簡稱7S模型）為研究框架，與商學院的教授進行討論，最後總結了這些成功企業的一些共同特點，寫出了《追求卓越——美國企業成功的祕訣》一書，給眾多的美國企業許多啟示，使之重新找回失落的信心。

7S模型是什麼？為什麼它會有那麼重要的作用？包括：結構（Structure）、制度（Systems）、風格（Style）、員工（Staff）、技能（Skills）、戰略（Strategy）、共同價值觀（SharedValues），是指企業在發展過程中全面考慮的各方面情況。

麥肯錫人都知道7S模型裡的幾個要素是相輔相成、不可分割的，所以，要想管理好企業，就要認真地分析和掌握這幾要素。組成模型的要素可以分為硬體和軟體。其中戰略、結構和制度可以稱為企業成功的硬體，風格、人員、技能和共同價值觀被認為是企業成功經營的軟體。但麥肯錫人深知，軟體與硬體同樣重要，並用7S模型提醒各位元企業家與管理者。

而湯姆·畢德士和羅伯特·沃特曼也指出，各公司長期以來忽略的人性因素，如非理性、固執、直覺、喜歡非正式的組織等，其實都可以加以管理，這與各公司的成敗息息相關，絕不能忽略。

那接下來就分析一下7S模型：

一、結構

組織結構是企業的組織意義和組織機制賴以生存的基礎，包括企業的目標、協同、人員、職位、相互關係、資訊等組織要素的有效排列組合方式。這種方式就是將企業的目標任務分解到職位，再把職位綜合到部門，由眾多的部門組成具備垂直的權力系統和水準分工協作系統的一個有機整體。

而戰略需要健全的組織結構來保證實施，所以，組織結構是為戰略實施服務，戰

7S 模型

略與結構之間的關係十分密切，不同的戰略需要不同的組織結構與之對應，組織結構必須與戰略相協調。例如，美商奇異在二十世紀五〇年代末，執行的是簡單的事業部置，但該公司已經擁有大規模的經營戰略。

到了六〇年代，奇異的銷售額大幅度提高，但由於行政管理跟不上，因此多方經營失控，影響了利潤的增長。為改變和緩解這種局面，企業重新設計了組織結構，實施戰略經營單位結構，解決行政管理滯後的問題，妥善地控制了多種經營，利潤也相應地提高。

從以上的例子可以看出，企業組織結構要與企業戰略相適應，企業結構是企業戰略貫徹實施的組織保證。除此之外，湯姆．畢德士和羅伯特．沃特曼在研究中發現，簡單明瞭是美國成功企業的組織特點，這些優秀的企業裡中上層的管理者很少，你可以經常看到管理人員不到一百個的公司在經營上百億美元的事業。

二、制度

完善的制度不僅是企業發展和戰略實施的前提和保證，還是企業精神和戰略思想的具體體現。所以，為防止制度的不配套、不協調與背離戰略，企業在戰略實施過程中，應制定與戰略思想相一致的制度體系。

三、風格

湯姆·畢德士（Tom Peters）和羅伯特·沃特曼（Robert Waterman）發現，傑出企業都呈現出既中央集權又地方分權的寬嚴並濟的管理風格，它們一方面讓生產部門和產品開發部門極端自主，另一方面又固執地遵守著幾項流傳久遠的價值觀。

四、員工

人力準備是戰略實施的關鍵，有時戰略實施的成敗確取決於有無適合的人員去實施。這就要求企業不只是局限於組織設計，還應注意配備符合戰略思想需要的員工隊伍，將他們培訓好，分配適當的工作，並加強宣傳教育，使企業各層次人員都樹立起與企業的戰略相適應的思想觀念和工作作風。

五、技能

「日本管理之父」松下幸之助認為，每個人都要經過嚴格的訓練，才能成為優秀的人才。就像那些運動健兒，他們矯健的身體與驚人的技術，並非憑空而來，而是經過長期嚴格而殘酷的訓練練就出來的。在執行公司戰略時，也需要員工掌握一定的技能，這有賴於嚴格、有系統的培訓。

六、戰略

戰略是企業根據內外環境及可取得資源的情況，為求得企業生存和長期穩定發展，對企業發展目標、達到目標的途徑和手段的總體謀畫。同時，戰略是一系列決策的結果，是企業經營思想的集中體現，也是制訂企業規畫和計畫的基礎。在二十世紀五〇年代到六〇年代，發達國家的企業經營者在社會經濟、技術、產品和市場競爭的推動與總結自己的經營管理實踐經驗的基礎上提出並建立了「企業戰略」的管理理論。

在美國進行的一項調查顯示，有90%以上的企業家認為，企業經營過程中最占時間、最為重要、最為困難的就是制定戰略規畫。可見，戰略已經成為企業取得成功的重要因素，企業的經營已經進入「戰略制勝」的時代。

七、共同價值觀

企業成員共同的價值觀念具有導向、約束、凝聚、激勵及輻射作用，可以激發全體員工的熱情，統一企業成員的意志和欲望，使之齊心協力地為實現企業的戰略目標而努力。這就需要企業在準備實施戰略時，要透過各種手段進行宣傳，使企業的所有成員都能夠理解它、掌握它，並用它來指導自己的行動。

日本在經濟管理方面的一個重要經驗就是注重溝通領導層和執行層的思想，使得領導層制定的戰略能夠順利地、迅速地付諸實施。麥肯錫人用7S模型提醒管理者，在企業發展、建設的過程中，要用綜合全面的眼光去考慮企業的整體情況，只有掌握和實行好這七個方面，企業才能獲得成功。

重點整理

結構（Structure）、制度（System）、風格（Style）、員工（Staff）、技能（Skills）、戰略（Strategy）、共同價值觀（Shared Values），這七個元素缺一不可，企業在建立和運行中，一定要整合和處理好它們之間的關係。

07 分析消費決策流程的AIDMA模型

在吸引消費者注意力的階段，廣告是必不可少的宣傳手段。

我們經常看到「廣告之後更精彩」的標語，也習慣在文字資訊用通欄或套紅的方式強調，習慣拿起電話傳來的是推銷員的聲音……如今是個由電話、網路、大眾媒體開創的行銷時代。生產者與經營者掌握著豐富的產品資訊，但是廣大消費者卻不了解這些資訊，於是在資訊不對稱的情況下，經營者通過對產品進行廣告宣傳，透過強大的電視、報紙、雜誌以及終端等媒介廣泛發布產品訊息，動態地引導消費者的心理過程，刺激購買行為。

AIDMA行銷法則於一八九八年由美國廣告學家E·S·路易斯提出，對於有效的廣告創意和實效的行銷策畫有相當的助益。該行銷法則是指，消費者在接觸到行銷資訊到發生購買行為之間，大致要經歷五個心理階段：引起注意（Attention）、產生興趣（Interest）、培養欲望（Desire）、形成記憶（Memory）、購買行動（Action）。

引起注意（Attention）：人們通常會對鮮豔和別具一格的事物印象比較深刻。例如較為花俏的卡片、有個性的廣告詞、意境優美的廣告等，都是經常被採用的吸引人眼球的方法。

產生興趣（Interest）：商家為讓消費者更詳細地了解商品，通常會製作精緻的彩頁目錄、商品的簡報和精美詳細的宣傳頁。

培養欲望（Desire）：這個很容易解釋，以推銷食品為例，推銷食品時，要準備好給客戶試吃的食物，客戶看到色香味俱全的食物，就會產生試吃的欲望，在吃到美味後，就會產生購買的欲望。

形成記憶（Memory）：一位著名的推銷員說：「每次我在宣傳自己公司的產品時，總會拿著別的公司的產品目錄與自己公司的產品進行詳細的對比和說明。因為如果總是對客戶說自己的產品多麼好，會產生不好的效果，客戶會對你說的話持有懷疑和否定的態度，反而想要多了解其他公司的產品。但如果你先提出其他公司的產品，客戶反而會認定你的產品。」

購買行動（Action）：想要達成銷售的最後一個過程，推銷員一定要有自信，在向客戶推銷產品的過程中，用自己的人格魅力去感染客戶，讓他們相信自己要買的產品是最好的。但與客戶的交流中，切記不要過分自信，過分自信就是自大了，推銷員一定要把握好這個份際。

AIDMA這套工具是以前面提到的MECE的架構來顯示客戶從知道產品存在、到進行購買消費的整個流程。例如某大型商場想要引進一批新的兒童玩具——雷拉軌道賽車。

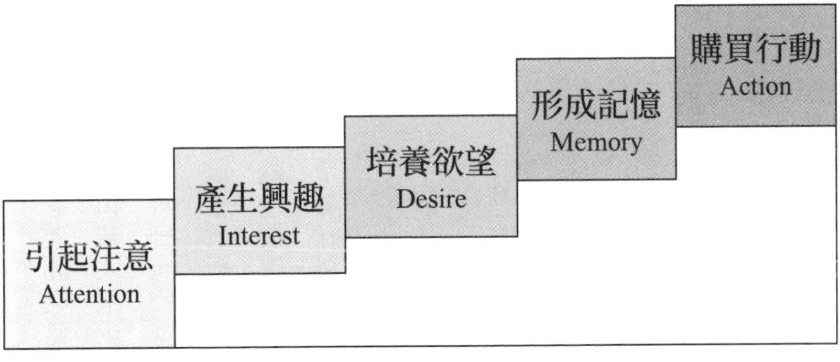

可是這是一款新穎的玩具，軌道和汽車模擬模型投入成本較高，因此想要開發當地消費族群，一定要先調查市場對該遊戲的認可度和接受度。於是，該商場和某大型玩具生產商達成了協議，先由廠商免費提供軌道和汽車模型，由商場負責在節假日向公眾推廣該遊戲。為了引起消費者的注意，商場做了廣泛的宣傳工作，傳單、電子看板、廣告等，都有該賽車遊戲的宣傳。消費者看到廣告後，由於不知道是什麼遊戲，便感到很稀奇，產生了濃厚的興趣，都想一睹為快或是體驗看看。於是很多消費者帶著好奇心來到了卡雷拉賽車軌道旁看營業人員試驗。漸漸地，有很多人試玩一次之後又紛紛花錢來玩。因此，這款新穎有趣的賽車遊戲便被商場成功地推廣出去。

在這個過程中，我們看到，在吸引消費者注意力的階段，廣告是必不可少的宣傳手段。當消費者有了購買欲望時，適時地加入銷售團隊，購買行為基本上就促成了。

在現今這個時代，網路發展得非常迅速，人類進入了高速資訊化時代，AIDMA行銷法則在這個時代背景下反映了傳統媒體環境下的行銷關係。電視、廣播、報紙、雜誌這些大眾媒體的宣傳很容易影響人們的消費選擇。某些商家就是利用足夠引起消費者注意的誇大宣傳，來為消費者的購買行為鋪路。

這種宣傳與集中式的傳播方式，造成了消費者對於行銷資訊的AIDMA反應模式，直接或間接地形成了以「媒體」為核心，以「引起注意」為首要任務的行銷策略。這種策略的特徵是傳播範圍廣、多次重複播放和強烈的內容刺激。但行銷效果通常會被轉化成「發行量」或「收視率」這些媒體指標，消費者的個性化意見和需求也會被簡化成「買」、「不買」與「不得不買」。

腦白金是AIDMA法則在中國最具代表性的商業應用。該品牌在創建之初，史玉柱親自執筆撰寫軟文，參與電視推銷廣告的創意，而腦白金的廣告詞也運用了極具吸引性的字眼，例如「人

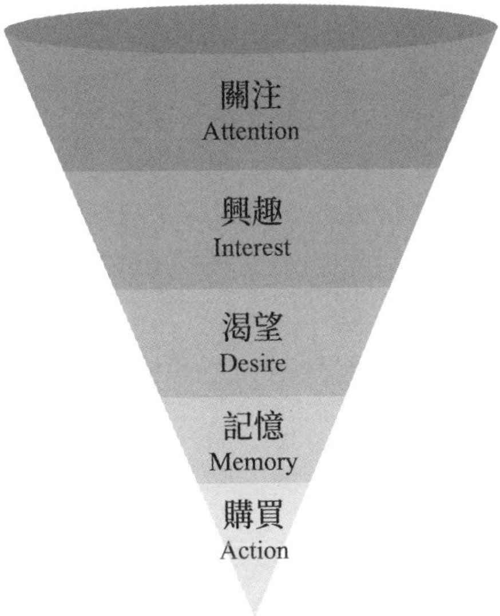

AIDMA 反應模式

類長生不老的終極祕密」，長生不老的字眼堪稱超出了人類生理和心理的極限。令人無法抗拒的臺詞再加上令人眼花繚亂的廣告投放頻率，讓人無法不注意到它的存在，而隨著各大電臺的輪番轟炸播出，人們記住了這個產品。而最後產品被消費者購買的最大原因就是我們流傳已久的傳統——送禮。於是在這種心理與行銷宣傳下，腦白金迅速打開了市場，並成了中國最暢銷的保健品。

看來ＡＩＤＭＡ法則的行銷方式主要是由賣方主導。企業利用大眾媒體，用自己的節奏帶動和引導觀眾的心理情緒，進而引起消費者的注意，讓他們對產品產生興趣和購買的欲望，產生購買心理後，消費者會一直記住產品，最後達成購買行動。現在ＡＩＤＭＡ法則通常被運用在行銷行業和廣告行業中，來解釋消費心理的發展過程。

透過了解和運用ＡＩＤＭＡ法則，企業就可以準確地了解和分析消費者的心理和行為，在做出研究和分析後，可以指定有效的行銷策略，從而提高成交率。

ＡＩＤＭＡ模型和行銷法則並非毫無缺點，雖然該理論將消費者的購買行為模型化，說明廣告更有效地對商品進行宣傳，但該理論並沒有對商品的類別進行具體的細分，所以管理者要對商品的分類進行理性和區別處理。

重點整理

AIDMA模型分析，是在初期吸引消費者注意力的階段，做好廣告宣傳，讓消費者知道該產品的存在。當消費者進一步了解該產品，可能產生購買欲望時，再加入人員銷售，促成購買行為的完成。

〔08〕 SO WHAT／WHY SO分析原則

經常追根究柢地追問「為什麼」，可以幫助自己深入了解問題的本質，掌握不熟悉的領域的知識。

曾經就職於麥肯錫亞洲事務部的大前研一是SO WHAT／WHY SO原則的堅定支持者，他提到當初剛剛進入麥肯錫工作時受到的震撼。當時，大前研一有一位同事叫作康寧漢姆，兩人共事時，每當討論一個問題，康寧漢姆總是會問兩句話：「你這麼說有什麼理論依據？」、「你是經過怎樣的邏輯分析得出這個結論？」

每當這兩個問題擺在面前時，大前研一就不得不立即檢索自己的邏輯思考過程。長此以往，他慢慢也養成了凡事都要追問這兩句話的習慣。

大前研一認為這種習慣對於培養邏輯思考能力非常有用。他也認為，善於利用SO WHAT／WHY SO原則來思考和分析問題的人，往往對知識以及獲取知識的過程有很大的好奇心，這是很多成功者的共通點。

經常追根究柢似地追問「為什麼」，可以幫助自己深入了解問題的本質，掌握不熟悉的領域的知識，或者發現一些「似是而非」的線索。

作為麥肯錫團隊最重要的思維工具之一，金字塔原理採取的是問題／回答的模式，這種模式的好處是將問題一層一層地向下拆解，最終形成完整的邏輯鏈。但是，金字塔原理也有一個局限，那就是每當一個環節產生邏輯上的疑問「為什麼是這樣？」、「要怎麼做才能實現這一點？」時，就必須再下一層去尋找答案，並將論點依照邏輯的順序再進行排列。

這個問題導致一個現象的出現，那就是一旦無法從準備的材料中獲得有利的論據或有用的結論時，整條邏輯線就會被切斷，或至少被弱化。正因為如此，金字塔原理才必須使用MECE分析法則。

但在MECE法則之外，金字塔原理還需要從不斷整理好的材料中找到兩個問題的答案，這兩個問題是「其中到底是怎麼回事」、「真的是如此嗎」，而解決這兩個問題的分析工具就是SO WHAT／WHY SO分析原則。

SO WHAT／WHY SO分析原則是兩條討論問題的線索。SO WHAT是自下而上的，意思是「這些東西都代表了什麼」。它需要你對於列出的各種材料做到透徹分析，釐清各要點之間的邏輯關係，並檢查論據是否能夠支撐上一級的論點。

WHY SO則是由上往下的討論，問題是「為什麼會如此」。它需要你對上一層的結論進行分析，確認結論是不是真的由論據推導而出，換句話說，它需要你檢查論據與上一層的觀點之間是否真的有因果關係。

舉個例子，很多餐廳都有可供客戶留言的意見本，客戶在意見本上填寫的意見五花八門，如果將這些建議全部用MECE原則來分類的話，在「外場服務」相關的項目下，我們就會看到類似「服務生對菜太不了解了」、「點菜經常會上錯」這樣的意見。

然後，我們對照著意見來向上提問：「這些意見代表了什麼呢？」，就代表了「服務生對內場的資訊了解不清晰」這一個問題，這就是 SO WHAT。而相對於 SO WHAT，WHY SO 追問的是「為什麼會這樣」，並且利用手邊的材料對問題加以驗證和確認。對於服務生對內場的資訊了解得不清晰這個問題，解決方法有很多種，可以經常召開服務生和內場的會議，可以只招聘素質較高的服務生等，但這些解決方式必須建立在問題真實存在的基礎上。

因此，在解決之前，我們需要回過頭檢查一下，問題是否真的存在，如果事實證明客戶只是一時興起地隨手塗鴉，那麼這個解決方案無疑沒什麼正面意義。對於 SO WHAT／WHY SO 分析原則，曾經就職於麥肯錫顧問團隊的照屋華子和岡田惠子根據結論與論據之間的關係屬性不同，將它劃分為觀察型和洞察型。

在闡述自己的觀察結果的基礎上建立起的分析體系，稱為觀察性 SO WHAT／WHY SO 原則，其內容是要說明結論包含哪些既定現象與事實。例如，當被詢問一間幼兒園需要哪些人員時，你的回答是建立在你看到幼兒園有園長、老師、校工、司機和學生的基礎上，因此你的回答就必然是這些人。

而洞察型原則則是在觀察既定的事實或現象的基礎上，再經過我們的思考和分析，從中找出一些潛藏的因素的分析原則。例如，在被詢問一個城市需要多少家幼稚園時，你不僅僅要觀察城市的街道，還要搜集各種資料，包括適齡兒童數量、生育率、潛在生育率、外來人口數量等，最終在這些材料的基礎上得出一個結論，而這些材料自然就成了你的論據。

透過SO WHAT／WHY SO原則，我們可以迅速地找到一切材料中對問題有說明的部分，並保持思考的邏輯正確性，避免出現前後無法連接的結論，也可以避免因為前後論據斷裂而陷入思維混亂當中去。

一九八一年，四十五歲的傑克．韋爾奇（Jack Welch）從摩爾手裡接過了奇異的CEO職位，不過對於很多職業經理人來說，這卻是一個燙手山芋。因為當時的奇異正經歷著非常嚴重的衰退。當時人員冗雜，工作懈怠，集團內部等級森嚴，官僚作風嚴重，對市場反應很慢。

上任之後，韋爾奇用了將近一年的時間來分析這種現象出現的原因，最終，在一年的論證之後，他得出了自己的結論：人員冗雜、機構臃腫是導致此一現象的主要原因，而解決這個問題的方式就是大規模改革和裁員。

韋爾奇這樣的決定有大量的論據作為支撐，因此並非憑空得出，在此之後，韋爾奇便將具體的措施嚴格執行下去。首先他著手改革管理體制，減少管理層次和冗員，將原來企業內部的八個層級減到四個層級，並且撤換了部分高層管理人員。在此後的幾年時間裡，他又先後裁撤了公司25％的部門，削減了十八萬份工作，將三百五十個經營單位裁減合併成十三個主要的業務部門，賣掉了價值上百億美元的資產，並新添置了一百八十億美元的資產。

要知道，這些事情可是發生在IBM等大公司大肆宣揚雇員終身制的時候，因此韋爾奇的壓力可想而知，從奇異內部到美國媒體都對韋爾奇的做法產生了反感和質疑，很多人因為他大幅裁員的無情舉動還給他取了一個綽號——「中子彈傑克」，「中子彈」意為「殺人而不傷一物」。然而，韋爾奇沒有因為質疑就停下腳步，他堅信自己的思路沒有錯誤，別人越是質疑，他就越是冷靜地改革。

在韋爾奇擔任CEO的短短幾年間，他就讓暮氣沉沉的奇異重新煥發青春的活力，銷量和利潤同時攀升，再次確立在汽車業巨無霸的地位。

失敗者總是提出一些「為什麼不行」的理由，然而成功者卻會為「為什麼要這樣做」尋找論據，一旦得到事實的支持，他們就不會停下行動的腳步，也正因為如此，成功者總表現得比失敗者更有膽量，其實，他們擁有的並不是多餘的膽量，而是正確的邏輯思考方向和說明他們將問題剖析得無比透徹的SO WHAT／WHY SO原則。

重點整理

SO WHAT／WHY SO分析原則是我們在討論問題時用到的重要線索。SO WHAT需要你對列出的各種材料做到透徹分析，釐清各個要點之間的邏輯關係，並檢查論據是否能夠支撐上一級的論點。WHY SO則需要你檢查論據與上一層的觀點之間是否真的有因果關係。透過使用這兩個原則，可以避免思維邏輯混亂，並能迅速找到對自己有用的東西。

第三章

培養幾個高效能的工作習慣

01 分清「重視效率」還是「重視思考」

在工作中，要對你所面臨的問題進行選擇與排序，根據問題的順序與重要性，依次進行解決。

錢德勒是麥肯錫的一位企業諮詢顧問，他最近在做有關日化企業推出某種新產品的市場調查。擺在他面前的，是以下這些錯綜複雜的資訊：

該企業是世界五百強企業之一；企業有三個全球著名的品牌；該新產品屬於某個品牌旗下的子品牌；開發部將該新產品的市場定位為青少年；該品牌的行銷團隊正處於重建期，人事比較混亂；研究發現青少年的需求非常容易變化；市場報告顯示該產品的定價似乎偏低；公司對於該品牌的市場預期並不確定；該產品在青少年族群的識別度是不確定的；該產品可能只會進入低端賣場和超市；該品牌以前沒有專門涉足過青少年領域；企業對於該項新產品的廣告支出預算還沒有確定；使用人群對該產品的滿意度報告中滿意比例為72％；該品牌正在對之前的一項市場錯誤進行危機公關，但效果不好；該產品的形象代言人已經確定為一位卡通人物；該產品的開發是該品牌三年內最重點專案之一；該品牌在與同公司其他兩個品牌的競爭中位居下風……

面對上面一大堆錯綜複雜的資訊，如果你是錢德勒，你會從哪裡著手呢？讀者可以用十分鐘思考一下這個問題。

麥肯錫團隊內奉行這樣一個工作宗旨：分清重視工作效率還是重視思考。簡單解釋，就是工作中，要對你所面臨的問題進行選擇與排序，根據問題的順序與重要性，依次進行解決。

就拿上面的例子來說，具有強大思考能力的錢德勒處理這些資訊的方法很簡單，他先將這些資訊做成一個個小便箋。便箋分為紅、黃、藍三種顏色，紅色代表事實，黃色代表問題，藍色代表原因。

之後，他將這些便箋以顏色劃分，全部貼在辦公用的白板上。接著，他尋找到一個問題，當然，這個問題並不一定是最重要的。例如：該產品在青少年族群中的識別度是不確定的。關於這個黃色的問題，錢德勒可以尋找到與之相關的紅色事實和藍色原因。

事實是：開發部將該新產品的市場定位為青少年。原因是：該品牌以前沒有專門涉足過青少年領域；該產品可能只會進入低端賣場和超市；調查發現青少年的需求非常容易變化。

那麼，這個問題對應的資訊結構就是：一個事實、一個問題、三個原因。當然，整理了這個資訊結構，並不代表著解決問題的方法就會立即呈現。

但是，想要解決問題，我們卻一定要將與問題有關的資訊整理好。對一件事物或一個問題進行有邏輯的思考，這是解決問題最簡單的形式，但是在具體的工作或生活中，我們大多數時間並不被允許獲得如此清晰的思考條件。

很多時候，我們都需要在雜亂無章、層出不窮的問題當中整理自己的思維脈絡。當我們陷入一團亂的問題當中時，無論是問題本身、導致問題的原因還是問題的解決方式，都會是無比繁多的。如果不能夠對問題進行選擇和排序，結果就是思維沒有頭緒，有的時候在思考一個問題，卻可能被另一個問題打亂，有時候在思考原因，結果又發現了另一個問題。

便箋法是邏輯思考的重要工具，當然，具體的形式可以用各種其他的方式代替，譬如在電腦中畫出資訊樹狀圖、在白紙上將資訊歸類等，但富有邏輯的思考基本上都是從這樣歸納資訊開始的。

而在資訊歸納的時候，我們還會發現一個問題：不止一個問題會對應多個原因，有的時候，一個原因還可能對應多個問題；有些甚至，一個資訊可以作為一個問題的原因，而與此同時，它本身也可以作為一個問題存在。

因此，在整理資訊的時候，富有邏輯的方式是以問題為資訊結構的中心，即所有的資訊都以問題劃分。當某個資訊可以同時作為兩個問題的原因時，就將它劃入兩個資訊結構當中。

當所有的問題都被以資訊結構的方式呈現出來之後，就可以開始下一步的思考了。在這裡，你開始對問題進行重要性排序，哪個問題是你最需要解決的？哪些問題可以歸為一類？哪個問題是具有強烈不確定性的？哪個問題是不重要，可以不再考慮的？細分出上述內容，對問題的排序就出來了。

不過在此時還會出現一種狀況，那就是總會有一些獨立存在的資訊，這些資訊當中屬於事實部分的，往往沒有用處，可以直接忽略掉。但有些屬於原因部分的卻不能夠忽略掉，此時應該怎樣解決？富有邏輯的解決方式是——將這些原因串起來，可能就會發現新的問題。

經過資訊整理和問題排序，錢德勒發現以下四個藍色標籤還沒有被放入任何一個資訊結構當中：該品牌在與同公司其他兩個品牌的競爭中位列下風；該品牌正在對之前的一項市場錯誤進行危機公關處理，但效果不好；該品牌的行銷團隊正處於重建期，人事比較混亂；該產品可能只會進入低端賣場和超市。

對於這四個標籤，錢德勒試圖將它們並列放在一起。這樣一來，新問題就出來了。該品牌在與同公司其他兩個品牌的競爭中，位列下風；該品牌正在對之前的一項市場錯誤進行危機公關，但效果不好。

這兩個藍色標籤可以得出一個黃色標籤：該品牌的形象管理團隊能力有所欠缺。

該品牌的行銷團隊正處於重建期，人事比較混亂；該產品可能只會進入低端賣場和超市。

這兩個藍色標籤也可以得出一個黃色標籤：該品牌的行銷團隊工作能力有待提高。

而將這兩個黃色標籤再進行一次並列，我們就可以從中匯出真正的問題：該品牌的管理團隊能力很可能有所欠缺。

而這對於錢德勒的諮詢工作來說，又成了一個非常重要的問題。正如我們一開始強調的，有關於問題的資訊都是雜亂無章的。而分清重視「工作效率」還是「重視思考」，能夠幫助我們從雜亂無章的資訊中將問題整理出來並排好順序，以便進行進一步思考。

重點整理

工作中，你可能對事情毫無頭緒，但擁有了分清重視工作效率還是重視思考的觀念，就能根據問題的先後順序、重要程度，依次解決。

02

利用二八法則，將主要精力用在最重要的事情上

不要讓無謂的事情占據時間和精力，要把該用的時間用到該做的事情上。

康賽克公司是美國最知名的金融企業之一，為客戶提供多種金融服務。一個麥肯錫團隊在為該公司電子商務部門制定一系列計畫時發現了一個狀況，那就是整體計畫中的步驟十分發散。

在團隊討論如何實現目標時，很多人都力圖窮盡，竭己所能。但實際上這麼做沒有必要，因為這樣不僅會浪費精力，更會讓整個事件陷入混亂當中。因而，當團隊的領導者在考慮問題的時候，他會考慮最現實、最重要的問題。

例如康賽克不久之前成立了一個獨立核算的部門——電子商務部。在為這個部門進行業務規畫時，他問了這樣的問題：「獲利和增長的主要途徑是什麼？哪些事至關重要？哪些無足輕重？」

分清問題的重要性非常重要。從雜亂無章的問題上剪掉那些無足輕重的分支，從而集中關注重要的問題，則是一種解決問題、界定問題的能力。這種能力並非完全依賴直覺，它可以加快解決問題的進程。

如果所有的問題都能夠按照一條完整的邏輯線開展下去，一步一步地解決掉，那無疑是我們最樂見的。然而很多時候，問題解決的邏輯會被現實衝擊得支離破碎，此時，為問題制定出優先順序就顯得至關重要了。

那麼，我們如何能夠擁有過濾問題的能力？麥肯錫團隊在培訓新人的時候，會向他們傳遞兩個理論，即「二八法則」與「四象限法則」。

十九世紀末二十世紀初，義大利經濟學家兼社會學家維爾佛雷多．帕雷托（Vilfredo Federico Damaso Pareto）曾經提出過一個原理：重要的少數與瑣碎的多數，即二八法則。

該法則的大意是：**在任何特定的群體中，重要的因素通常只占少數一部分，而不重要的因素則占大部分，因此只要能控制關鍵性的少數因素就能控制全域。**

一八九七年，義大利經濟學家帕雷托透過對十九世紀英國社會各階層的財富和收益統計研究發現：社會上有80%的財富掌握在20%的人手裡，而另外80%的人卻只擁有社會財富的20%，這就是最初的「二八法則」。它反映了一種不平衡性，在社會、經濟及生活中，這種不平衡性無處不在。

沒有任何一種活動不受二八法則的影響，二八法則認為：原因和結果、投入和產出、努力和報酬之間本來就存在著無法解釋的不平衡性。另外，投入和努力也可以用該法則說明：多數，只能造成少許的影響；少數卻造成主要的、重大的影響。在我們的生活與工作中，二八現象普遍存在：經濟學家說20%的人手裡掌握著80%的財富；社會學家說20%的人身上集中了人類80%的智慧；管理學家說，一個企業或一個組織往往是20%的人完成80%的工作任務，創造80%的財富。

二八法則應用廣泛，它對我們解決問題的重要現實意義是避免將時間和精力花費在瑣事上，要學會抓主要的問題。

我們會經常聽到一些中階管理者抱怨工作繁重，每天有做不完的事情，一星期有一半以上的時間在加班，沒時間去運動，身體處於亞健康狀態；也有人說，現代社會變化太快，因為工作太忙就沒有時間充電了。其實大家不是缺少時間，而是沒有有效地利用時間。

美國麻省理工學院的研究者調查了三千名職業經理人後發現，那些成功的經理人有兩個特點：一是對自己的工作範圍有限定，不會把自己的手伸太長，盡最大的努力做好自己的工作；二是對自己的時間每一分每一秒都合理安排，最大限度地節約時間。

休戈·布萊克（Hugo Black）在進入美國議會前從未接受過高等教育。他平時工作也很忙，但每天還是會擠出一小時的時間到國會圖書館去讀書，讀的書包括哲學、歷史、政治等。他就這樣一直堅持著，就算是在議會工作最繁忙的日子裡也沒間斷過。之後他被任命為美國最高法院的法官，這時他是最高法院中知識最為淵博的一個。

杜邦公司（DuPont）是當今世界上最大的化學公司，它的總裁格勞福特·格林瓦特很喜歡蜂鳥，這是世界上最小的一種鳥。他每天都要花費一小時來研究這種鳥，還用專門的設備為其拍照。權威人士把他寫的關於蜂鳥的書視為自然歷史叢書中的傑作。

哈佛管理百科全書把「能否有效管理時間」作為管理者是否成熟的九項標準之一。著名的管理學家德魯克認為，有效的管理者應該具備五項要素，其中第一項就和時間有關。

他說：「時間是最稀缺的資源。要想妥善管理任何其他事物，就要妥善管理好時間。優秀的管理者必須清楚時間應花在什麼地方。他們所能掌控的時間非常有限，因此必須懂得系統地工作，才能充分有效地利用有限的時間資源。」

其實，以前麥肯錫團隊也遇見過上述管理者遇到過的問題，但他們透過掌握和利用二八法則，很好地平衡了「重要少數」與「瑣碎的多數」之間的關係，高效地運用了時間，做到「物盡其用」與「人盡其才」。

個人的時間和精力都是非常有限的，企業也不可能提供無限的人力和資本，因此要想在一定的時間內把所有的事情都處理好非常困難。因此要學會合理分配時間和精力，要想面面俱到還不如重點突破。把80％的資源花在能出關鍵效益的20％，讓這20％的方面去帶動其餘80％的發展。

這就要求我們**在問題面前要明確態度，排定先後順序，定出遠期和近階段目標；重**

新審視工作時間表，分出事情的輕重緩急，要毫不留情地拋棄低價值的活動；永遠先做最重要的事情。

這樣，我們就可以讓時間和精力得到充分的利用，用最少的時間做出最大的成果。

不要讓無謂的事情占據時間和精力，要把該用的時間分配到該做的事情上。

重點整理

工作中要熟練掌握二八法則，學會管理時間，這樣就能提高時間的利用率，可以做很多重要的事情。學會管理時間，使工作效率和效果最大化。利用好時間管理法，會幫助我們走向成功。

03 建立「緊急度」和「重要度」的模型

處理事情的時候要分輕重緩急。

伯利恒鋼鐵公司（Bethlehem Shipbuilding Corporation）是美國第二大鋼鐵公司。該公司曾瀕臨破產，公司總裁查爾斯．史瓦布（Charles Schwab）就向當時有名的管理學大師艾維．利（Ivy Lee）求助。聽了查爾斯．史瓦布一番細說，艾維．利說：「這樣吧，我幫你想個辦法，如果這個辦法有用的話，你要給我兩萬五美元的報酬。」史瓦布哪管得了這個無理的請求，只想趕快讓自己的公司渡過難關，便不假思索地答應了。

艾維．利拿出一張紙說：「請在這張紙上寫下你明天要做的六件事。」舒瓦普想了一會兒就寫下來。艾維．利看著這張紙說：「現在用數字把這些事情按照重要性排列好。」舒瓦普很快地完成了六件事的標注。

艾維．利說：「好了，你明天按照事情的重要性逐一去做，要先做好第一件事情，然後再做第二件事情，直到做完為止。」

艾維．利還說：「你以後每天都要這樣做。你剛才也看到了，只不過一下子，你就對這種做法的價值深信不疑，以後你也讓你的下屬這麼做。這個實驗你想做多久就多久，等有了收穫再把支票給我吧，當然，你認為它值多少錢就給我多少錢就好。」

一個月過後，查爾斯．史瓦布就寄給艾維．利兩萬五美元的支票，並且還給他寫了一封信，信上說，艾維．利給他的人生上了很重要的一課。五年後，這個小小的鋼鐵廠就成了世界上最大的鋼鐵廠之一。

艾維．利的方法也就是著名的「六點優先工作制」。他認為，在普通狀況下，如果一個人用盡全力去完成六件重要的事情，那麼他一定是一個高效率的人士。舒瓦普接受了這個建議，這才讓鋼鐵公司有了如此重大的發展。

麥肯錫人常說，我們在處理事情的時候要分輕重緩急。當你要做的事情太多，不知道從何下手時，可以建立一個以「重要度」為縱軸、「緊急度」為橫軸的模型，然後將你要做的工作填入其中。這種方法也就是「四象限法則」的通俗解釋。所以，我們可以用著名的四象限法則來劃分自己的時間。

四象限法則是由著名管理學家史蒂芬・柯維（Stephen Covey）提出的一個時間管理的理論，他提出，把工作按照重要和緊急兩個不同的標準進行劃分，基本上可以分為四個「象限」——既緊急又重要、重要但不緊急、緊急但不重要、既不緊急也不重要。這就是著名的關於時間管理的「四象限法則」。

四象限原則應該被應用到我們對當前問題的分析上面，我們可以把要做的事情按照緊急、不緊急、重要、不重要的排列組合分成四個象限，這四個象限的劃分會有助於我們對時間進行深刻的認識及有效的管理。

第一象限就是「緊急又重要」的事情。緊急的事情就是需要立刻就去做的事情，而重要是說對公司影響很大的事情。在現實生活中就有很多緊急又重要的事，例如老闆急著要的報告、客戶投訴等。這些事不但緊急，也很重要，一旦遇到這種事，就要立刻處理，不然會影響到自己的正常生活和工作。無論在什麼狀況下，緊急又重要的事都是首先要做的事情，因為這些事情與你的工作或者是生活息息相關。只有解決後人們才可以順利繼續其他工作。

第二象限是「重要，但不緊急」的事情。這樣的事情並不是那麼急著去辦，但是必須要做，因為它關係到公司的長遠發展。例如說工作的培訓、自己的健身等。這些並不需要馬上去做，可以找一個合適的時間再去做，但無論如何勢必得做。

重要的事情一般會有比較充足的時間，在一定的時間內完成就行。但是如果因為不緊急就把它放到一邊，拖了又拖，遲遲不去做，遲早會變成「緊急又重要」的事情。這些重要不緊急的事情在某程度上反映了一個人對工作目標和人生的判斷能力。

第三象限就是「緊急但不重要」的事。比如說你在上班，一位朋友突然來電找你，這個時候又沒有適當的理由推辭，你就會和他聊一聊，這一聊就會花費很多時間。還有很多其他緊急但並不重要的事，這些事要歸入優先之列，不然如果遇到突發狀況，會把它當成緊急又重要的事情處理。

現實生活中很多人都是按照事情的緊急程度排序，忘了衡量事情的重要程度。對於一個成功人士而言，他不會讓那些看起來緊急的事耽誤重要的事。

第四象限就是「不緊急，也不重要」的事項，這些事可做、可不做。在生活中我們會遇到很多這種事，比如買東西、去網咖打遊戲等。如果把時間浪費在這些事情上，就是在浪費生命。

最難區分的就是第二象限和第三象限，而第三象限對人們的欺騙性是最大的，它因為緊急所以會對人產生誤導，使人忙著去處理。但是因為它們並不重要，往往處理完了才發現是在浪費時間。

而第一象限則是我們主要的目標所在，一定要先處理完這類事情然後再著手處理別的事情。在這一象限裡的事情往往占據著八成的效益，所以千萬不能忽視。

這就是我們劃分問題優先順序的兩個參考方法，想合理地安排身邊的事情，就要先看清事情的重要性、急迫性、影響力，然後按照比重進行劃分，注重處理大事、要事，絕對不可以把時間浪費在沒有任何實際意義的瑣事上。

問題的解決有賴於縝密的邏輯思考和符合邏輯的行動，行動的關鍵在於其合理性，如果行動不合理，便沒有邏輯可談。

劃定問題的優先順序，對問題進行重要、不重要的區分，將有益於幫助我們在發現問題之後，更好地解決問題，實現最終的目標。

每天做的事情，都按照四象限來劃分，就會發現自己的生活有條理，也不會感到辛苦。只有善於劃分工作的優先緩急，才能擺脫工作中瞎忙的狀態，讓工作變得井然有序，這也是時間管理藝術的一部分。

重點整理

在做事情的時候，要記得不管遇到什麼事情、任務有多重要，都要先理清工作的順序，從最重要的工作開始做。讓任務完成得有規律、有效率的辦法，也是先理清工作的重要順序。千萬不要小看這個小動作，將會帶來很大的作用。

04

篩選重要資訊，找到問題的關鍵驅動因素

對於邏輯思考而言，「有用的」資訊才是關鍵。

麥肯錫校友保羅・肯尼任職於某跨國企業，他對於資訊篩選工作的認識頗深，他說：「資料蒐集的流程已經改變，我發現網上有大量資訊，甚至與幾年前相比多出許多。我們絕不缺少資料和資訊，實際上，我們已經被淹沒了。網路上有很多關於市場的資訊，而且還非常詳細，還有大量複雜的科學資料。難處在於如何準確找到有用的內容。」

由此可見，對於邏輯思考而言，有用的資訊才是關鍵。但資訊本身並沒有標注為「有用」和「沒用」，也沒有標注為「對A有用而對B沒用」、「適用於A情況而不適用

於「B情況」，因而選擇正確資訊的任務也就落到資訊蒐集者的身上。

雷納．西格爾是一家行銷公司的老闆，他也從麥肯錫學習到了篩選資訊的重要性，他說：「在我們這行，弄清楚一、兩個需要考慮的真正重要的資訊就很有用。沒有時間去弄清更多東西。」這點我也贊同。

在開展研究時，你並不需要獲取盡可能多的資訊，而是需要盡快獲取最重要的資訊。對於外部人來說，麥肯錫顧問似乎總是能夠快刀斬亂麻地把問題給解決，讓人感到很神奇。麥肯錫顧問這種能力源於他們富有邏輯的思考能力以及解決問題的工具。然而，外部人不知道的是，這一切都有前提，在進行問題的分析和解決的時候，他們總是會做好預先的準備工作，而這些準備工作才是他們神奇的開始，只不過外部看不到這些罷了。

當我們要對一個問題進行思考的時候，總要面對很多錯綜複雜的資訊，這些資訊就像沙礫散落在我們的身邊，而我們要做的就是在其中找到有用的「珍珠」。

以往人們對於資訊要求完備，為此不惜接納一些完全沒有用的資訊，以求能夠將資訊全盤收入。據說十九世紀初猶太富商羅斯柴爾德家族構築了遍布整個西歐的資訊網，蒐集歐洲政界、商界的各種資訊。來自各國宮廷、議會和商人聚會的資訊，像雪片一樣飛向羅斯柴爾德家族的大本營法蘭克福，這些資訊中大部分都是沒有用的，但那些少部分有價值的資訊卻能夠讓整個家族收益頗豐。

然而當資訊傳播的速度越來越快，尤其是當網際網路出現後，資訊大爆炸的時代到來了。人們再也不能全盤承接五花八門的資訊，因此就不能不對資訊做一些篩選工作。

篩選資訊是如此重要，那麼，我們該從哪裡入手來進行這項工作？在麥肯錫學院裡，有關於資訊篩選的工作，需要按照五個注意事項展開。

注意事項一：弄清目的，明確方向

所有人對於資訊的蒐集都有所偏好，然而這種偏好並不能替代目的，無論是分析問題還是解決問題，都要有一個明確的目標。而資訊的蒐集也只能圍繞這個目標展開，否則就會脫離現實。

麥肯錫學院的史蒂維·麥克尼爾在北卡羅來納州藍盾公司擔任副總裁，發現很多企業在搜尋資訊的時候，總是會不自覺地脫離目標，從有目標地搜尋資訊，變成漫無目的地搜羅資訊。這個世界上的資訊多而龐雜，其中無用的資訊要比有用的多很多，因此我們在蒐集市場訊息之前，必須先弄清楚蒐集的目的。蒐集市場訊息的目的在於提供我們分析和解決問題的參考和事實基礎。因此，蒐集的資訊必須切合實際，對分析和解決問題具有參考價值。

注意事項二：制訂蒐集計畫

所有行動都必須以計畫的形式展開，這是麥肯錫團隊的工作條例之一，也是麥肯錫人總是能夠表現得井然有序的原因之一。計畫可以幫助我們少走彎路，少做白工。制訂蒐集計畫是資訊篩選的重要步驟，我們在開始蒐集資訊之前，需要制訂詳細的蒐集計畫。計畫的制訂要保證貼近實際，根據問題的各種因素制訂出相應的、切實可行的計畫。此外，在計畫中還必須有蒐集的方法，並涉及蒐集過程中可能出現的問題。

此外，我們還要學會使用新的科技手段，拓寬資訊蒐集的管道。有麥肯錫顧問透露，在每一個工作開展的同時，麥肯錫會為他們提供一切必要的資訊。為了一項工作，麥肯錫會聘請資訊專家負責資訊庫建設並協助諮詢顧問蒐集資料。在每個新研究項目啟動的時候，研究目錄、專家姓名、「淨化」報告、行業分析以及市場分析家的報告，都會送達諮詢顧問的辦公桌。而這一切的工作都始於資訊蒐集。

注意事項三：資訊的蒐集要做到深入和廣泛

資訊的蒐集不要淺嘗即止，流於表面的蒐集工作是沒有意義的。一位企業的高階主管曾吐槽他的辦公室主任：在星期四下班之前，這位主管給辦公室主任交辦了一項任務，要求他為自己蒐集芝加哥東部埃文斯頓鎮所有木材廠的資訊，這位主管認為，該項工作最快也要在下週一才能進行完畢。但讓他意外的是，在週五的一大早，資訊報表就擺在他的座位上，他看著眼前一張薄薄的Ａ４紙，上面只列出了十一家木材廠的名稱和連絡人電話，其他什麼資訊也沒有。

不夠深入和廣泛的資訊蒐集等於沒有蒐集，因為它不具有完整資訊所具備的參考價值，也無法讓人對其進行篩選。

注意事項四：要有捕捉資訊的敏銳度

資訊總是千變萬化的，因此需要提高捕捉市場訊息的敏銳度。在平時要多關注與自己工作相關的資訊動態，多留意與自己相關的熱點和困難點，多了解行業形勢的發展和變化，對問題要多問一個「為什麼」，多進行思考，從而逐步提高明辨是非和分析、研究問題的能力，增強對各種資訊的反應能力，以便能夠及時捕捉到有價值的資訊。

注意事項五：資訊的蒐集多元化，做到數量與品質相結合

麥肯錫的資訊可能來自任何途徑，有各領域的尖端學者、有具體的市場調查、有分析網站的統計資料、有公司內部的資訊資料庫……總而言之，為了蒐集有用的資訊，麥肯錫人確實做到了無所不用其極，也正因為如此，麥肯錫顧問團隊才總能夠掌握到最現實而全面的資訊。因此，在蒐集資訊的時候要做到**多元化**。每個人都有自己依賴的資訊來源，但這並不代表我們只能依賴單一的資訊來源，建立多元化訊息管道才能有益於對資訊的鑑別。當然，也不是說資訊的蒐集就一定越多越好，蒐集資訊時，還要正確處理好資訊的數量和品質之間的關係。蒐集資訊時，要把目光放在資訊的實用性、品質上，要注意把各種情況、各種問題和社會現象加以過濾，從中「網」住主要問題和矛盾，蒐集那些有參考價值的市場資訊。

重點整理

篩選重要資訊，有利於找到問題的關鍵驅動因素。找到驅動因素，我們就可以迅速地找到問題的核心，成功地解決問題。

05 妥善整理檔案，有效利用資訊

篩選有價值的資料是進行推理思考的開始。

據說日本白領的工作效率比其他國家低。雖然日本的一些公司在全球處於領先地位，但是在辦公室內的工作上，日本還不算高效，其中一個原因就是沒有充分利用IT設備。

工廠的工作業績是透過產品好壞來判斷，而白領們的工作業績通常是透過效率來衡量。一個人端坐在電腦前，看起來工作十分認真，但搞不好他的電腦和資料夾都很亂，他正在浪費大量的時間找檔案。因此，我們不僅要充分利用好IT設備，還要熟練操作，整理好自己的工作檔案，這樣工作效率才會提高。

不管搜索多麼方便，畢竟還是要經過「輸入關鍵字」、「搜索」、「設定目標」等幾個步驟，如果能更方便地找到自己想要的檔案不是更好嗎？因此我們需要設置資料夾，並且對資料夾進行分類。傳統的電腦保存檔的方法依然很適用。

但是，在工作中最好不要把檔案分得太細。有人把資料夾設了一層又一層，層層分類，管理得非常細，這樣做反而有弊端。因為當他們想整理檔案的時候，通常會產生疑惑，比方說「這個檔案是什麼類型，應該放在哪一個資料夾好呢？」檔案分得越細，自己的疑惑就越多，這個時候有些人就會花太多時間糾結。二來，檔案分得越細，要找到目標檔案的時間就越長。

說到檔案，每個會用電腦的人都不陌生。所謂的「檔案」，就是在我們電腦中為了實現某種功能或某個軟體的部分功能而定義的一個單位。檔案是由資料夾來整理規範的。電腦裡的資料夾可以用來裝整頁檔、保存檔，方便人們在需要時及時查找到檔案。每個資料夾對應著一塊磁碟空間，提供了指向對應空間的位元址，可以保存文字檔、圖片、相簿、音樂等。

當我們想要及時分析與解決問題時，就要做到恰當地設置檔案，有效地利用資訊。

在工作之中，只要對檔案進行大致分類，查找起來就會很方便。下面的做法可供你參考：

1. 設置一個名字為「工作」的資料夾，把所有和工作有關的文件都放進去。
2. 「工作」資料夾下按照不同的公司和領域再設置一個「大分類資料夾」。
3. 「大分類資料夾」下再按照不同的專案，進一步設置「小分類資料夾」。簡單地把資料夾分為三個層次，這樣在你需要的時候，就可以快速查找到需要的檔案。

可是，日積月累，檔案數量會越來越多，查找起來所需要的時間也會越來越長。這就需要在整理檔案的時候運用一些小訣竅。如果你想快速地知道檔案是什麼時候建立、與何者有關，可以在檔案名稱中加上日期，以及「專案名稱」等關鍵字。有些人把名稱取得很短，看上去很簡潔，保存時沒花多少時間，一旦找起來就很費力了。為了減少這些可以避免的麻煩，還是多花點心思把關鍵字放在檔案名稱上吧！

有時候，客戶會傳給你一些檔案，此時最好把他們所傳來的檔案重新命名，把時間和關鍵字都放進去，以後需要的時候就很容易搜索到。

在工作中，不管如何提倡「無紙化辦公」和使用電腦傳輸檔，我們還是免不了要使用一些紙質的檔案，比如企畫書和提案書、參考資料、帳單、合約等。紙本檔案有一定的優勢，同樣也有它的缺點，那就是難整理、管理混亂，這樣就會導致我們工作的效率降低，所以說，科學地整理它們是一項很重要的技能。

俗話說：「巧婦難為無米之炊。」整理紙質檔不同於整理電腦檔，我們首先要準備好幾樣小工具：文件盒、透明資料夾、口袋式的透明資料夾、小文件櫃、大紙盒。有了這些工具之後，再分三個步驟整理。只要學會了第一步，那後面的步驟就很簡單了。

第一，把檔案分為「處理中」和「保存中」。

「處理中」是說與現在手頭工作有關，或是看過之後決定保留的檔案；「保存中」是說已經處理好，但是仍然需要保存的檔案，比如合約、發票等。

換句話說，正在處理的檔案，等到處理完畢之後，要不變成第二種狀態——保存起來，要麼就應該及時丟掉。整理檔案最基本的步驟就是首先把檔分為以上兩類。

處理中的檔案因為使用頻率很高，應該擺在離手邊近一點的地方，以便隨時取得。檔案在用完之後應及時存放，存放的時候也應該用透明資料夾，這樣就可以一覽無遺。而對於那些已經處理好、需要保存起來的檔案，因為不常使用，所以應該放進書櫃或者紙箱裡面保存。如果放進大資料夾保存的話，應該在資料夾側面貼上標籤，標上內容，做到一目了然。

每次收到一份新檔案時，我們可以把它放在小檔盒上，能辦理的就盡快辦完，辦完就處理掉，沒有處理完的就保存起來。

第二，重要文件用大資料夾保管。

整理那些已經處理好且需要保存的檔案，最有用的工具就是大資料夾。大資料夾通常都有固定的頁數，也有可以調整頁數的插孔。當放進多份檔案，想找其中一份的時候，很容易就能找到。

我們在用大資料夾的時候，通常會在大資料夾的側面加上標籤，比如「登記簿」、「合約」等。於是，給大文件貼上哪個標籤就成為一件很重要的事。麥肯錫人提供的經驗是按照內容、時間或者是字母表的順序來確定一種合適的大資料夾標籤。但無論哪種方式，標籤標準一定是統一的。

第三，暫時需要保管的東西。

處理完的檔案、沒有必要放進大資料夾裡的檔案都應該即時丟棄。對於那些不知道以後是否還有用、先保管起來再說的檔案，則可以用紙箱來保存。

一般來說，放進紙箱的檔案基本上是不會翻看的，只是以防萬一，先保存起來。這些檔案可以在年底大掃除的時候一起丟棄。通常檔案的保存期是一年，如果一年用不到一次的資料，到了第二年仍然沒有用到的話，那就丟掉吧！

資料的整理和篩選是複雜而繁瑣的工程，但也正因為如此，才更顯出整理資料的重要性。沒有篩選地接受資料，這是早餐讀報時才有的習慣，但這種習慣絕不可能使我們記住早餐時讀到的每一則新聞。

真正能夠啟發人思考、為人分析和解決問題的資料往往是隱藏起來的，我們需要從亂如麻的資訊中找出來。世界上沒有白吃的午餐，如果所有有價值的資料與資訊都呼之即來的話，麥肯錫的顧問工作也就不會讓那麼多人心馳神往了。篩選有價值的資料，這是進行推理思考的開始，更是諮詢工作的起點。

重點整理

無論是電腦上的電子檔還是紙質的書面檔，都是我們工作中常會用到的東西。因此，懂得如何整理，保存檔案是提高工作效率的方法。妥善整理檔案，能夠方便我們在急需時快速找到，也是有效利用資訊的一種方式。

06 一次只做好一件事

能夠保持專注的人，在思考的時候能夠保證思維的暢通性和平穩性，不容易受到外來因素的干擾，因而往往能將思維帶入正確的軌道中，做出最符合邏輯的判斷。

懷斯是麥肯錫團隊的一名諮詢顧問，他工作的主要面向是企業用戶研究。在日常工作中，他總是用白天的時間搜集資料和研究客戶，而將思考的時間留在晚上。因為他只有在絕對安靜的環境中才能保證頭腦的專注。

懷斯曾經試過在不專注的狀態下思考問題，他試著一邊進行用戶訪談，一邊對用戶的訪談進行總結和歸類。但結果是，他發現自己總是會遺漏一些東西，思考問題不但不全面，有時還會陷入錯誤的思路當中。因此，他覺得自己還是應該在專注的情況下思考問題才對。

對於邏輯思維的培養來說，專注是非常重要的。能夠保持專注的人，在思考的時候能夠保證思維的暢通和平穩性，不容易受到外來因素的干擾。因而他們往往能將思維帶入正確的軌道中，做出最符合邏輯的判斷。

專注於思考一件事，這是對思考者最基本的要求，我們不排除有些頭腦靈活的人能夠一心二用，但是，你如何能夠在一心二用時仍然保證思維的平穩？這一點無疑很難做到。

二〇一〇年，一位叫納西萊的研究者在田納西州開展了一項實驗，他隨機選取了一百名志願者參與實驗。在實驗中，納西萊準備了十五道問題，這些問題都不是很難，但需要至少三步以上的邏輯推導才能夠得出正確的答案。

問題包括：假設有一個水池，裡面有無窮多的水，現有兩個空水壺，容積分別為五公升和六公升，從水池裡取多少次水能夠得到一個公升的水量？

湯姆用美金八塊買了一塊香皂，然後用九美元把它賣掉了，事後他覺得不划算，於是花十美元又將它買了回來，然後以十一美元賣給了另外一個人。他賺了多少錢？

在問這些問題的時候，納西萊將所有的志願者分成了兩組，一組處在一個安靜的、沒人打擾的環境中，而另一組，則在一個非常空曠的路段上，邊開車邊回答這些問題。調查的結果顯示，前一組中能夠得出十二道以上正確答案的人達到96%，而後一組能夠得到十二道以上正確答案的人只有28%。

在空曠的道路上開車，這已經是一個非常安全的環境了，但駕駛的行為多少還是會分散人的專注力，而當人無法專注於思考的時候，他們的邏輯能力就會大幅下降。由此可見，懷斯始終保持專注於一件事的習慣，對於他總是能夠得出正確的思考方向而言有多重要。

那麼，為了保持專注於思考一件事的習慣，我們是不是一定要處在一個相對安靜的環境中呢？其實也不是。能夠保持對一件事的專注，依靠的不是環境，而是人的專注力。專注力稍微強一些的人，在不算良好的環境中也可以保持專注。因而，我們更應該做的是培養自己的專注力。

專注力是人的一種能力，就如同智力一樣，人先天的專注力是不一樣的，而在具體的思考過程中，也會因為各種環境而有所增減。

不過，有別於智力的是，專注力可以在人的成長過程中培養，而培養專注力的關鍵就是發展抗拒外來誘惑的能力。

人的專注力來自抗拒誘惑的能力，當人將注意力集中於某件事之後，就進入了一個抗拒外來誘惑的狀態中。外來的誘惑會讓人覺得目前的狀態是無聊的、痛苦的，進而想要去做更有趣的事情。如果一個人抗拒外來誘惑的能力不夠強大，注意力就會發生轉移。那麼，又是什麼決定著人抗拒外來誘惑的能力呢？在這裡有三個因素，分別是壓力、欲望和身體狀況。

壓力：

人情緒的波動與承受的壓力成正比，壓力越大時，人的情緒波動也就越大，而處於情緒失控狀態下的人，無疑是無法抵抗外部誘惑的，因而也就無法將注意力集中起來。

欲望。強烈的欲望會讓人專注於一個目標，但是如果欲望過強，則會影響到人對於努力的效果的評價，此時除了立竿見影的工作，幾乎所有工作都會在短暫嘗試之後被選擇放棄。

身體狀況：

一個處於極端疲憊中的人，其注意力集中的情況一定會比處於健康狀態下的人要差很多。身體狀況會影響到人的精神狀態，因而，身體狀況越差的人，往往越無法集中注意力。

當然，這裡的身體狀況指的是一定時期的身體反常現象，而非身體缺陷，因為我們看到一些身患殘疾的人，雖然身體狀況不好，但對於事情的注意力卻要比普通人還高，比如我們熟悉的貝多芬、霍金等。專注力是邏輯思考所必需的，因而，我們要盡量讓自己獲得這種特殊的能力。只要按照正確的方法學習和訓練，人人都可以獲得專注力。但問題在於，我們能否將整個學習的過程堅持下來。

一個傳統的謬誤是，只有長時間精力集中才算具有強大專注力，但是科學研究發現，人不可能長時間專心，這是由大腦結構決定的。因此，培養專注力的時候，讀者也要注意控制節奏，以免造成生理上的損傷。

總而言之，專注於一件事物，這是保證邏輯思考沿著正確軌道進行的重要前提。而專注於一件事的能力可以透過後天的訓練加以培養，只要訓練的方法正確，即便是再普通的人，也能夠成為一個專注力強大的人。

重點整理

專注力可以保證思維的暢通性和平穩性，不容易受到外來因素的干擾。在工作中，要認準目標，一次只做一件事，並堅持專注地把這件事情做下去，就一定會取得成功！

07 善用電梯法則

如果沒有邏輯的思維方式，不能夠在言語或文字中灌以邏輯，就會削弱說服力。

幾乎每個進入麥肯錫的新人都會被要求回答一個問題，這個問題可說是麥肯錫的企業精髓，也是麥肯錫人能夠擁有超強的說服力的原因。

你一直有個很好的想法想向公司建議，但苦於職位低微，你沒有向最高層主管建言的資格。

這天，你在電梯間等電梯，剛好CEO走了過來，電梯來了，你和CEO一起走進電梯，裡面只有你們兩個人，電梯到十六樓需要兩分鐘的時間，在這兩分鐘的時間裡，你如何把你的想法告訴CEO，並且讓他接納你的建議？

這個問題，不同的人會給出不同的答案，但幾乎所有正確的答案都遵循一個線索，那就是「組織好自己的語言，讓語言更有邏輯和說服力」。這就是著名的電梯法則，也是商界流傳已久的「三十秒電梯理論」，或稱「電梯演說」。

麥肯錫公司就曾在這方面得到過一次沉痛的教訓：麥肯錫公司曾與一個重要的客戶合作，為其做諮詢。在經過談判與諮詢後，公司的專案負責人與對方的董事長在電梯裡相遇了。在乘電梯的過程中，董事長詢問這個項目負責人：「你能不能說一下目前的成果？」可是該項目的負責人並沒有做充分的準備，即使做了準備，也無法在乘坐電梯的三十秒之內把事情和結果說清楚。於是，最後麥肯錫失去了這名重要的客戶。

從此以後，麥肯錫就嚴格訓練公司員工，要求他們凡事都要在最短的時間內把結果表達清楚，凡事說重點，直奔主題。麥肯錫人認為，通常情況下，人們只會對最先看到和聽到的事情印象深刻，所以凡事都要歸納在三條以內。

電梯法則主要告訴我們，工作中的任何計畫都必須簡單有效，你的方案和話語如果不能使客戶聽懂，那麼你的客戶一定不懂得你要表達的東西，並且絕不會購買你公司的產品。況且，一個方案如果策畫人在三十秒內講不清楚，就說明這個計畫有問題，並且不具備操作性。所以在與客戶或其他人進行討論和談判時，一定要有邏輯性和計畫性地把問題清晰明朗地說清楚，讓你的語言更具說服力。

然而如何讓語言更有說服力，這就因人而異，在此不討論。關於邏輯性，在兩分鐘的時間裡，如果說出來的話沒有任何條理、邏輯可言，那麼毫無疑問地，你就不可能打動一個職位比你高的人。

實際上，作為顧問業的領頭羊，麥肯錫人都具有這種在短時間內說服別人的能力。無論是什麼行業，無論是管理者、網際網路世界的領導者、腦靈活的創業者，還是傳統家族企業的繼承人，麥肯錫人都能獲得他們的信任，靠的就是富有邏輯的語言和分析能力。

而這也從側面反映出，無論什麼領域、什麼事情，都可以用邏輯切入。在日常的工作或生活中，很多人向你灌輸他們的想法，結果你轉頭就忘，有時候你向別人說出某種想法，卻得不到他們的共鳴，這就是因為你的語言沒有邏輯性。

邏輯可以應用到所有的場合，如報告、交流、指示、聯絡、建議、說明、提案、交涉、會議發言、事故應對等。可以用文字來呈現，也可以用語言來呈現，甚至可以用圖片、影像等呈現出來。

當然，並不是所有場合都必須有邏輯存在，當你在和別人聊天的時候，如果聽到一堆大道理，雖然這些話很符合邏輯，但你的心裡一定不會好受。另外，在討論問題的時候，如果不考慮常理，用創造性思維來一場頭腦風暴，有時反而能提出好想法。在交換消息時，也不一定非要用邏輯性語言不可。例如「今年夏天流行粉紅色」，但實際上「流行」並沒有確切的標準，這句話就沒有嚴格的邏輯；再例如「非洲有種傳統醫療方法，聽說能治療糖尿病」，這其實也是一句資訊含糊的語言，但在交換消息的時候，這樣的語言也足夠了。

那麼，存在於所有事物中的邏輯，到底在什麼情況下是必要的？答案是：當我們要得出某項結論時，就必須讓自己的語言有邏輯了。

有一家碳粉公司的廣告詞是「某某牌碳粉，給你絕對的『黑』世界」，該廣告的目的是強調該公司碳粉的顏色純正，但毫無疑問，沒有邏輯的廣告詞並未讓讀者領會到這一層意思。

IBM有一句廣告詞叫「沒有不做的小生意，沒有解決不了的大問題」（No

business too small, no problem too big.），以電子設備解決方案著稱的IBM，其廣告詞的結論就是IBM可以幫助用戶解決一切問題，這樣的廣告詞就非常符合邏輯。

邏輯的語言適合傳遞確切的資訊，因此當我們必須實現某種目的或讓我們的語言得出某個結論時，就應該力求讓語言符合邏輯。有些時候，我們向對方傳達的資訊雖然正確，但是因為表述沒有邏輯性，導致到頭來無法取得應有的效果。

在下面這個故事中，雙方的表述都是正確的，但顯然缺少邏輯：

客戶：「我們的產品總是被抱怨，客戶滿意度低下，這讓我們的利潤很低，請你為我們找到提高利潤的方法。」

顧問人員：「我明白您需要我們做什麼，根據我們以往的經驗，導致利潤低下的原因主要有……客戶滿意度低下也是其中之一，請您相信我，關於客戶的問題，我們有一整套解決的方法，艾克博士在《客戶．關係學》裡面曾經說過……」

在這樣的交談裡，雙方傳遞了很多資訊，但幾乎都沒用。顧問並沒有給客戶灌輸解決問題的信心，也沒有指出問題的根源。富有邏輯的語言不是如此的，它要求嚴謹的條理性，簡單來說，語言當中應該包含三個部分：結論、理由、理由與結論相結合。

在依靠語言或文字吃飯的諮詢行業，說服他人的能力是最重要的，但如果沒有邏輯的思維方式，不能夠在言語或文字中灌以邏輯，就會削弱說服力，進而失去工作機會。

麥肯錫人的能力當然毋庸置疑，但在能力之外，麥肯錫之所以能夠傲視整個行業，這與他們擁有過人的邏輯思維能力以及說服力是分不開的。

所以想要在最短時間裡贏得客戶，就要學會並利用好電梯法則，讓自己的話語更具邏輯性和說服力！

重點整理

機會總是給有準備的人，準備充足了，即使在三十秒的電梯中，也可能完成重要的談判。不要小看電梯法則，事實證明，有很多優秀的合作都是在電梯中談成的。因此一定要學會如何用最精煉的語言來向對方完整表達自己的方案計畫。

08 先從你不願意做的事情做起

每天早上先把最惱人、最討厭、最大的事情解決掉，這樣一天之中你就不再需要為那件事情煩惱了；把惱人的事情留在後面處理，反而會讓我們無法專注其他事情。

麥克是一位設計師，他最厭煩的工作就是資料分析。他大學主修中文，從那時開始他就遠離數學了。每當看到數字和圖表他就覺得頭昏腦脹，對這些一點興趣和耐心都沒有。但是他的工作又必須接觸這些，在了解產品的時候，總會有一些資料要分析，比如市場占有率等。唯有分析這些資料，他才能了解客戶需要什麼，並且找到產品吸引人的地方，之後再做出好的方案。所以每遇到資料分析的工作，他總是會拖很久。

麥克發現在工作之中，還有很多人都有這樣的問題，比如傑西，他不喜歡打電話給客戶，所以他經常自己在記事本上寫很多東西，但就是不願意去打電話。打電話的頻率低，業績也肯定不高。人資助理最不喜歡統計每個月的出缺勤，他覺得這件事情很花時間和精力，所以每次的考勤報表他都是拖到快要發薪水的時候才去做。

職場上這樣的問題還有很多，身在職場，再不喜歡的事情也要硬著頭皮去做，因為這是逃避不了的問題。

同樣的，麥肯錫團隊也遇到過這樣的問題。那麼我們該怎麼解決呢？馬克．吐溫說：「每一天早上先把最惱人、最討厭、最大的事情解決掉，這樣一天之中你就不再需要為那件事情煩惱了。我們常常會有鴕鳥心態，把惱人的事情留在後面處理，但那反而會讓我們無法專注處理其他事情。」

其實，大部分的時候，那些自己所厭惡的事情通常都是最有用的事情。對於麥克來說，了解客戶的需要很重要；而對傑西來說，只有多打電話和客戶溝通才有可能拿到訂單。人這一輩子最大的敵人不是別人，而是自己，阻礙成功的是自己的各種不良習慣，而這些不好的習慣大都來自自己心中的「舒適圈」。

要改掉拖延的習慣，就要每天先去做自己不喜歡的事情。馬克．吐溫也說：「每天去做一點自己心裡不願意做的事情，這樣便不會為那些真正需要完成的義務而感到痛苦，這就是養成自覺習慣的黃金定律。」

這是說一個人想要改掉自己的不良習慣，就不要一直沉溺於自己的舒適圈，這對很多人來說都是件難事。麥克並不喜歡數位，那他可以逼著自己去玩數獨的遊戲，去看一些財經報導，主動去做一些資料分析，慢慢消掉自己對資料的抵觸情緒。過不了多久，他就會發現自己在做資料的時候比較有耐心了，也會習慣先去做一些資料分析，因為做完這件事之後，剩下的事就是自己喜歡的了，心理上就會感到輕鬆，拖延的情況也會好很多。

這樣看來，遠離自己的舒適圈並沒有那麼困難，只是在剛開始時會有些不容易，慢慢習慣以後，你就會喜歡上它。

麥肯錫人深知，先做你最不願意做的事情，主要是一次性解決問題，不寄託希望於以後，在最短的時間內高效率地解決問題。

「人非聖賢，孰能無過」，要一點錯都不犯是不太可能的。話雖如此，但是我們也可以發現，在工作中絕大多數的錯誤是可以避免的。人會犯錯的根本原因，不是沒有不犯錯的能力，而是沒有不去犯錯的態度。

有一個製造業的老闆，為了產品的合格率和交期傷透腦筋。在一次協商會上，一個從基層升上來的組長提出了一個大膽的建議：取消複檢的流程，把合格率直接與獎金掛鉤。管理層聽了這個建議後很不理解，因為取消複檢流程就意味著增加員工的壓力。

在大家的觀念裡面，產品不複檢是不可能做好的。但是老闆也想不到更好的主意，於是決定試試看他的辦法。沒想到，因為沒有複檢的流程，工人們對手中的產品格外謹慎，錯誤因而大大地減少。

更為重要的是，工人們發現：第一次就把工作做對，竟然那麼省事。他們的工作熱情、工作態度，甚至是生活態度，都有了很大的提升。三個月後，這家企業的產量翻倍，而產品品質也沒有受到任何影響。

由此可見，「第一次就把工作做對」並非不可能，反之，這是對企業和員工個人都負責的一種工作要求。提倡第一次就把工作做對是一種安全、科學且高效的工作方式。很多人都有這樣的經歷，工作越忙越亂，解決了舊問題，新的問題又產生了。

由於慌亂而產生新的錯誤，結果通常會越忙越亂，不僅讓自己忙，還會讓身邊的人跟著忙，最終造成人力和物力的巨大浪費。想在工作之中避免這種「忙亂症」，第一次就把事情做對是最好的辦法。

執行力的高低決定著競爭力的強弱，也影響著企業的生存和發展。因此，要想讓自己成為高效的人就要「第一次就做對」。「對」是戰略目標，「做」是執行，「第一次」是效率。

我們每一個人在工作之中都應該檢討自己的工作，因為第一次沒有把事情做對，就會給企業帶來巨大的損失。

第一次就做對必定創造財富。忙於解決問題一定會讓你破產，企業之中每一個人的目標都應該是第一次就把事情做對。

你還是很忙嗎？當然忙，但希望是忙著創造價值，而不是忙著製造錯誤或者是改正錯誤。第一次把事情做對，是一個職業人應該具備的能力，應該從小培養。

著名的科學家克勞士比提出過一個「零缺陷」理論，其精髓就是：第一次就把事情做對。那麼應該做到？克勞士比提出了四大核心理念：

一、在工作時首先要確定你的工作目的：為了滿足客戶的要求而工作，而不是為了自己的主觀意願而工作。

二、建立「一次就做對」的基本準則：不要凡事追求差不多，要努力做好。

三、消除達成這一準則的障礙：消滅工作中的複檢環節，特別是思想上不要存在這樣的想法。

四、努力工作：認真執行和努力付出，會換來高額的回報。

重點整理

工作中，要先解決不願做的事情，不要為無法完成任務找任何藉口，一次就把事情做到最好，就不會再有其他的小麻煩，情緒也不會因此受影響。要明白，有時我們無法完成工作，除了心理上的惰性以外，還因為瑣碎的麻煩事太多了，當然會想逃避。

09 頭腦風暴，集思廣益

在現代商業領域，解決問題往往是靠團隊的方式，而非單打獨鬥，因此進行團隊會議非常重要。

克莉斯汀．阿斯勒森曾任職於麥肯錫公司，當她日後回憶在麥肯錫的工作時，她始終對一種思考方式念念不忘，那就是「頭腦風暴」。

阿斯勒森曾回憶某次頭腦風暴時的場景：在會議室中，每個人都得到一疊自黏便箋，大家就一個問題進行討論。在頭腦風暴中，所有的討論者把自己想到的一切相關想法都寫下來，每個想法寫一張紙條，然後交給負責人，由負責人大聲念給大家聽。

頭腦風暴是一種快速得到大量想法的方法，更關鍵的是，這種方法可以避免每提出一個想法大家就進行一番糾纏不休的討論，浪費時間和精力。從理論上來說，頭腦風暴法是一種發散性思維，只不過這種發散性思維比較特殊，是很多人在一起集體發散。

頭腦風暴原本是精神病理學上的一個詞語，專門用來形容精神病患者的精神錯亂狀態。然而，在群體性的討論中，頭腦風暴被用來形容那種群體漫無邊際的思考。

在現代商業領域，解決問題往往是以團隊的方式，而非個人，因此進行團隊會議非常重要。在團隊會議中，由於團隊成員心理相互作用影響，人們易屈服於權威或大多數人的意見，形成所謂的「群體思維」。

群體思維雖然能夠獲得大多數人的認可，但削弱了群體的批判精神和創造性思維，損害了決策的品質，為很多創造性解決方法的出現設置了障礙。因此，為了保證群體決策的創造性、提高決策品質，便引入了頭腦風暴法則。

進行頭腦風暴是麥肯錫團隊集體思考問題的一種最常見的方式，那麼，在進行頭腦風暴的時候，有什麼需要注意的？一般認為，頭腦風暴的過程中，有三項非常重要的注意事項。

一、了解問題和預設方案

對某些人而言，頭腦風暴有空想、清談的成分，但它其實是有思路和設想方案的，絕對不是讓頭腦像浮雲一樣在風中隨意飄動。因此，在頭腦風暴開始之前，團隊必須了解所面對的問題，知道頭腦風暴的框架。

在了解了問題和框架之後，每個人需要對自己的觀點準備一套方法，沒有條理的建議，即便再好也不會受到別人的重視，因為別人無法抓住你言論的重點。因此，必須把你所發現的要點和資料整理成條理清楚的提綱，然後傳給整個團隊的人看。

如果你是團隊的組織者，那就要確保團隊的所有成員都要把他們的研究整理好。整理出事實並不困難，因為這項工作不要求詳細的結構，只要動腦子想一想什麼東西比較重要、如何把它表達出來就可以了。

二、清空一切已有資訊

頭腦風暴法的意義是為問題尋找新的解決方法，或者得到創造性的理念。所以頭腦風暴應該從一無所有開始，而不能建立在已有的討論或共識的基礎上。為了保證這一點，在進入討論之前，團隊的每個成員都應該把預設的想法清空，只帶入一些既定的事實和資料。在第一個注意事項中，了解和預設針對的是問題的資料和既定的事實，但在頭腦風暴之前，團隊的成員對於事實應該只搜集和整理，然後盡量不要去思考，一起等待頭腦風暴的進行。

三、放棄階級觀念

頭腦風暴重要的是思考，而思考是不分階級和職位的。在小組會議的時候，職位和階級較高的人往往具有影響他人的能力，但在進行頭腦風暴時，要極力避免任何一個人受他人的影響，因此這就要求所有人放棄階級觀念。

假如所有的團隊成員經過頭腦風暴之後，討論的依然還是同樣的內容，仍然圍繞一個領導者，彼此隨聲附和，那麼這個頭腦風暴肯定什麼也得不到，不過是浪費時間而已。而更糟糕的一種局面是，職位或階級較高的人，一進來就把自己的觀點強加於人，那麼團隊就失去了一個形成更有創造性的解決方案的機會，也許還是一個更好的機會。

因此，頭腦風暴要求參與者從最高級人員到最普通人員都一律平等，每一個人都毫無顧忌地參與進來，因為，我們也無法保證前者的想法就一定比後者強，所以我們不能讓職位或階層堵住一些人的嘴。

除了以上三項注意事項，在進行頭腦風暴時，還需要遵守五條準則，分別是：

一、不拒絕任何想法

在進行頭腦風暴時，不應該有人因為害怕被批評而考慮過多，因為一旦這樣的話，就等於拒絕了某些人的想法。在討論的時候，如果出現了普通的想法，團隊也不應該責備或嘲笑。有不一樣的意見和想法，除了用正確的態度爭論之外，還需要彼此傾聽對方的解釋。也許，就是在彼此的爭論和解釋中，一個平凡的想法會漸漸發展成好的想法。

二、任何問題都有價值

就像不拒絕任何想法一樣，對任何問題都要考慮其價值。千萬不要害怕對事物本身或做事情的方式追根究柢。對於做任何事情而言，循規蹈矩，照規矩辦事這樣的回答往往不是說得過去的理由。千萬別低估對那些似乎顯而易見的問題進行探究的價值。有的時候在對那些顯而易見的問題進行討論時，一些創新性的想法就悄然誕生了。

三、延遲評價

對頭腦風暴中產生的想法進行評價是必要的，然而，在頭腦風暴正在進行的時候，這種評價卻不能展開。在頭腦風暴當中，團隊成員既不能肯定某個設想，又不能否定某個設想，也不能對某個設想發表評論性的意見。一切評價和判斷都要延遲到會議結束以後才能進行，這樣做一方面是為了避免約束與會者的積極思維，破壞自由暢談的有利氣氛；另一方面是為了集中精力先開發設想，避免把應該在後階段做的工作提前進行，影響創造性設想的大量產生。

四、拒絕固執

在頭腦風暴的過程中會產生大量的想法，這些想法當然不可能每一個都進入討論和評價階段，因此對於那些被淘汰掉的想法，無論是什麼身份的成員都不能再堅持。把你的構想視為投進頭腦風暴攪拌機中的一種原料，把它交給自己的隊友，讓他們去推敲。它可能「正確」，也可能「錯誤」，但重要的是它應該有助於團隊去思考解決手頭的問題。不要在自己的假設上投入那麼大的熱情，也不要帶著一種固執的情緒參加頭腦風暴。

五、巧妙記錄

頭腦風暴是思維的發散，這種發散如果不能夠即時記錄的話，很容易隨時間的推移而有所遺漏。當然，頭腦風暴本身不允許進行詳細的個人記錄，以免因為記錄而浪費個人的精力，打斷個人的思路。但是，為了保證各種想法能夠被保存下來，進行頭腦風暴時，需要運用一些巧妙的記錄方式。

麥肯錫使用了一套非常有效的裝置來保存頭腦風暴的結果。麥肯錫的每間會議室都有白板和清理工具，有些白板可以把寫在其上的任何東西在紙上備份下來，對於即時保存非常有幫助。

重點整理

高效性和創新性是現代科學管理發展的需要，而頭腦風暴的創新思維和創造性決策可以幫助團隊解決許多問題。麥肯錫對頭腦風暴極其投入和負責，不是漫無目的地肆意發揮，一定是沿著設想的框架來發散。這樣找出的解決問題方案才可以發揮作用。

〔10〕

理性選擇可替代方案

理性剔除的方法類似在討價還價，當我們試圖做某種取捨的時候，我們要利用目標選項的價值來比對放棄的選項的價值，以確認我們的選擇是否合適。

在進行商務分析時，有些情況下我們很容易針對一個問題想出一個答案，但有些時候情況則完全不同。

麥肯錫團隊曾處理過這樣一個問題：一家企業希望能夠縮減其經營成本。透過分析，他們了解到該企業在縮減成本時可以採取的策略，譬如裁員，削減員工工資壓榨供應商，削減材料成本；減少辦公人員福利，削減辦公成本；採取更保守的財務策略，削減資金成本等等。如果，這個問題只有一個答案，即削減員工工資，那麼諮詢的執行階段不會出現任何問題，只要這樣做就好了。然而，當削減員工工資可以被其他措施所取代時，問題就變得不一樣了。

試想，你想要削減員工工資，但又害怕因此引起工會的反對，你害怕員工用罷工來威脅企業，當你無路可走時，你可以硬著頭皮這樣去做，但當你有選擇可以避免這些時，那麼你就不能不去評估那些可以取得同樣結果的方案。

效果一樣，但需要付出的成本不同，這些方案就稱為「可替代方案」。在進行諮詢和建議的過程中，選擇明智的替代是非常重要且非常困難的挑戰之一。因為我們考慮的選擇越多，追求的目標越多，確定方案就越難。

但是，僅僅是替代方案的多少，是不會使得決定變艱難的，我們難以做出替代決策，關鍵問題在於每種方案都有各自的比較成本。

可是，當我們難以找到明晰的選項時，應該如何進行替代呢？大多數的決策者認為，主要依靠直覺、常識和猜測就可以了，而實際上，僅依靠這些是不能找出合理的替代方案的。

為了填補這個空白，麥肯錫內部衍生出一種體系，即在各種替代方案中做出合理的選擇，他們將這種體系稱為「理性剔除」。從本質上說，理性剔除的方法類似一種討價還價的形式，只不過，它討價還價的對象都是我們自身。當我們試圖做某種取捨的時候，我們要利用目標選項的價值來比對放棄的選項的價值，以確認我們的選擇是否合適。

例如，企業為了不使工人罷工而選擇採取保守的財務政策，保守的財務政策將會削減企業的資金來源，讓企業擴張能力下降。那麼，決策者就要評估，到底是工人不罷工重要，還是企業繼續擴張重要，對比兩者的價值，決策者要做一個明智的選擇就容易多了。

理性剔除法也不能使複雜的決策變得更容易，決策者仍將不得不在確定的價值和進行的交易基礎上做出困難的選擇。它提供的是一種可靠的交易機制和一個可以在其中進行交易的一致的框架。

透過簡化和整理替代中的程式化因素，對等交換方法使決策者可以把所有精力都集中在決策制定中最重要的工作上：決定各種選擇對企業的實際的價值。那麼，接下來就是如何開展替代方案的選擇。

對此，麥肯錫團隊內部採取的工具是——製作替代方案表格。在進行替代之前，決策者需要清楚了解所有的選擇和對於每種目標來說它們的重要性如何，其中一種很好的方式就是繪製一份重要性表格。

使用鉛筆和紙張或者電腦的電子資料工作表格，在頁面的左側列出你的目標，在頂部列出你的選項，這樣就得到了一個空白的矩陣。

在矩陣的每一個儲存格內，寫下對於指定目標（由行來顯示）來說某種選擇（由列來顯示）的重要性的準確描述。你也許使用數量標準如數位來描述某些重要性，而用品質標準，如語言來描述其他的。

重要的是要使用統一的術語來描述某一給定目標下的所有的重要性，也就是說，在每一行中使用統一的標準。如果不是這樣，你將無法在各種目標之間做出理性的替代。

一個正在轉型期間的餐飲企業為自己的替代方案繪製了如下的表格：

目標	方案 A	方案 B	方案 C
轉型風險	高	低	中
轉型受益	高	中	中
轉型持續時間	7 年	3 年	6 年
轉型後企業的形象	仍然保持現有的高端餐飲形象	轉型為中檔餐飲企業，主攻中產階級市場	轉型為大眾餐飲企業

在這個表格中，企業的經營者可以直截了當地看出各種替代方案的優缺點，如果企業的決策者在乎的是企業的轉型風險，那麼毫無疑問，他可以選擇方案C，而如果企業的決策者更在乎轉型的收益，那麼他則可以選方案A。

一張清晰的表格，為決策者提供了一個進行替代的清晰的框架。而且它施加了一種重要的規則，強迫你在決策過程的一開始就定義所有的選擇、有的目標和所有相關的重要性。雖然建立一份重要性表格並不困難，但決策者總是很少拿出時間在紙上記下複雜決策的所有因素。沒有一份重性表格，重要的資訊可能被忽略，替代可能被隨意進行，從而導致錯誤決策。如果此時決策者很難在各種方案中選擇一個令自己最滿意的方案，那麼也不用擔心，對等交換的下一個方案是剔除原則，即決策者可以不做出最優的選擇，但必須剔除那些令自己無法接受的選擇。

比如，上面的企業無法接受轉型時間過長，那麼毫無疑問，方案A就會被剔除。剔除的選項越多，決策者做最後選擇的難度也自然就越低了。

為了識別可以被剔除的選項，決策者可以遵循這個簡單的規則：如果選項A在某些目標上優於選項B，而且選項A在所有其他的目標上不比選項B差，那麼選項B就可以被剔除。

在這種情況下，B受A的控制——它沒有任何優勢，只有劣勢。

例如你想要度過一個輕鬆的週末，你有五個可能的度假地點，而且你有三個目標：低成本、好天氣和短旅行時間。在觀察你的選擇的時候，你發現選項C花費較多、天氣較差，需要與選項D相同的旅行時間。那麼選項C受到選項D的控制，因此選項C可以被剔除。

在考慮控制的時候，你不必過於嚴格。當你進一步比較這些選項的時候，也許會發現選項E與選項D相比也有較高的花費和較差的天氣，但是在旅行時間方面有微弱的優勢——它要比選項D少花費不到半個小時的時間到達。你可以很容易地斷定相對微弱的時間優勢不能彌補天氣和成本的劣勢。出於實際的考慮，選項E是受控制的——我們把它稱為實際的控制——你也可以把它剔除出去。

透過尋找控制，你使自己的決策變得更加簡單——你只需在三個選項之間做出選擇，而不是五個。使用這種簡單的策略，可以幫助決策者節省很多精力。實際上，某些時候它可以直接得出最後的決策。如果除了一個選項之外，所有的選項都處於相對無法接受的局面，那麼這個選項就是你最好的選擇。

值得一提的是，理性剔除的原則不僅僅適用於解決問題的決策，也同樣適用於發現問題。當我們面對多個問題時，也可以利用理性剔除的原則找出問題的優先順序，進行最優的解決問題的安排。

重點整理

理性剔除作為一種思維工具，能在發現問題和解決問題上帶來許多便利，而它也是麥肯錫人總是能夠用最小的代價做出最佳選擇的原因之一。

11 只有將問題分解完成才最高效

完成目標就像爬樓梯一樣，需要一步一個臺階，腳踏實地往前進。

麥肯錫派出一個團隊為某金融企業做業務轉型的諮詢服務，團隊經過詳細的調查和研究，發現該企業所面對的主要轉型問題是，企業高風險的投資專案過多，雖然高風險伴隨著高利潤，但仍然造成了一種「賭博投資」的印象。此外，該企業面臨的次要問題是，投資所涵蓋的領域較為單一，以能源開發為主，很容易受到市場的影響，當能源市場不景氣時，該企業的投資顧問就沒有更多選項可為客戶分散風險。

問題找到了，那麼接下來是否就可以直截了當地解決問題？實際上還是不行。轉型是一個複雜的過程，想要扭轉企業在客戶心中的形象也並非一朝一夕。如果貿然進行大刀闊斧的全面改革，企業必須承擔喪失現有客戶的風險去為未來加注，這無疑是非常冒險的做法。

分析問題考驗著麥肯錫人的邏輯思考能力，解決問題考驗的則是將這種思考能力擴散到行動當中的能力。很多時候，問題不可能被一蹴可幾地解決，我們需要制訂一個清晰、有條理的計畫，以確保行動能夠直線達到目標。

在我們透過邏輯思考，判斷出問題的本質之後，必須將問題分解開來，分析終極問題與終極行動、中間問題與中間行動、初始問題與初始行動。簡而言之，就是將問題步驟化、階段化。

步驟化、階段化，這是邏輯思考之下解答問題的必要手段。就如同我們要到達十米之外的一個地方，可以將十米分割為「十個一米」，階段性地去完成每一個一米。這種解決問題的方式是由西班牙探險家胡安．龐塞．德．萊昂（Juan Ponce de León）發明的，此後被推廣到很多領域。

龐斯是西班牙著名的探險家，他曾經為了尋找傳說中的不老泉，從南美洲出發，一直走到土耳其島和聖．薩瓦多島。雖然龐斯最終也沒有找到不老泉，但是，他成為第一個踏入這片土地的人，這片土地被他命名為Pascua Florida，也就是今天的佛羅里達。

有一次，萊昂需要經過一片原始森林，這是一片未經開發的森林，因此進去還沒有多久，萊昂和他的團隊成員就在茂密的森林中迷失了方向。

此時，萊昂沒有任何可以辨別方向的設備，為了找到出路，他想出一個方法。他讓其他人從樹上折下一些樹枝，然後將這些樹枝依直線擺在地上。之後，團隊中的每個人輪流將最後面的樹枝拿在手上放到樹枝鋪成的直線最前面。因為樹枝是筆直的，這就避免了他們因為方向錯誤而繞圈子。就這樣，雖然前進得緩慢，但他們沿著這些樹枝的直線，最終找到了出路。

這種樹枝前進法帶給我們的啟示是，當有了一個特定的終極目標之後，要想完成這個目標，就需要從小處著手，一步一步去實現那些看似不可能完成的目標。

一般來說，人們更容易接受短期、具體的事務，對於那些長期、模糊的事務則難以接受。即使有明確的問題解決方向，如果你看不到曙光和盡頭，那麼也容易產生懈怠情緒，實施起來就很困難。

將問題徹底解決，這種目標是很長遠的，要想完成的話就必須付出更多努力。所以，當我們需要實踐一個長遠的計畫或目標的時候，應該具備一些逐步逼近的思維，這種思維能幫助你把那個長遠的大目標細分為多個短期的小目標。

把大目標劃分成小目標，就像減肥一樣，如果要從三百磅一下子減到一百五十磅，你會覺得這是個非常艱巨的任務，壓力很大。但是如果你將這個任務按階段劃分，一開始只給自己減五磅的任務，你就不會覺得減肥是那麼難的事了。當你完成減下五磅的任務之後，再實現下一個減五磅的任務，長期堅持下去，減掉一百五十磅的重量就不是那麼艱難的事情了。

但是，需要注意一個問題，如果採用「逐步逼近思維法」來完成目標，你要將自己的每一個小目標控制在一個能預見和能夠操縱的範圍內，這樣才能清晰明瞭地解決每個問題。而且你最好保證上一個小目標是下一個小目標的前提，下一個小目標昇華為上一個小目標的結果，當你將自己的小目標一個個實現了之後，大目標也會水到渠成地實現。

完成自己的目標就像是爬樓梯一樣，需要一步一個臺階，腳踏實地往前進。每踏上一個臺階，你就離你的目標更近，就會體驗到「成功的喜悅」，這種喜悅的感覺將成為你下一步行動的動力，幫助你更好地完成任務。

我們經常會看到一些人，他們能夠找到問題的所在，卻不能夠解決問題，喜歡在過程中半途而廢。這些人之所以失敗，並不是因為要完成的事情難度太大，而是因為自己認為距離成功很遙遠。他們並不是因為失敗了而放棄，而是因為目標太大，自己也感覺迷茫，所以時常倦怠，最終不能完成自己的目標。如果他們懂得分解自己的目標，也許他們就能成功了。

「逐步逼近思維法」是解決問題最有效率的方法，但是，如何將目標分解，還需要因人而異。對於不同的人來說，目標分解有很多種方法，下面我們來介紹兩種比較常見的。

剝洋蔥法：

像剝洋蔥一樣，先將你想要完成的大目標分解成若干個小目標，再將每個小目標分解成若干個更小的目標。一直分解下去，直到你清楚當下該怎麼做。

樹狀圖法：

用樹幹代表大目標，直接連著樹幹的樹枝代表小目標，樹枝上長出的小枝代表更小的目標，而樹枝上的葉子則代表即時的目標，也就是你現在要去做的事情。完成小目標是完成大目標的必要條件，而完成大目標則是完成小目標的結果，能夠把每個小目標實現，那你就一定能夠實現自己的大目標，大目標就是小目標的總和。下面我們再介紹畫出邏輯樹的步驟：

一、寫下一個你的大目標。

二、寫出實現這個大目標所有的必要條件和充分條件，這些條件就是小目標，也就是第一層樹枝。

三、寫出實現每個小目標的必要條件和充分條件，變成第二層樹。

四、以此類推，直到畫出所有的樹葉，也就是你的即時目標為止，多枝樹的分解圖大致上也完成了。

五、最後檢查一遍，看有沒有需要補充的地方。

透過樹狀圖分解之後，我們便可以清晰地得到一條解決問題的邏輯線。按照這條邏輯線走下去，每一步都解決一個現實的問題，最終便可以將問題徹底解決。

重點整理

在具體的工作中，可能會碰到一些麻煩的問題。面對這些時，不要煩躁，把問題分解開來完成。簡單來說，就是將問題步驟化、階段化。

按照這條邏輯線走下去，我們就會每一步都解決一個現實的問題，而最終也會徹底地解決問題。

第四章

懂得溝通，做「精英部下」

01

無論何時，保持「PMA」

越處於逆境，越應該保持正面態度。

有一次，美國前總統羅斯福的家中遭竊，竊賊偷走了許多東西。羅斯福的一位好朋友聽說了這件事，連忙寫信安慰他不要傷心。誰知羅斯福卻回信說：「謝謝安慰，親愛的朋友，可是我現在很平安也很感謝生活。第一，竊賊偷走的只是我的東西，而沒有傷害到我的生命；第二，竊賊偷走的只是一部分東西，而不是全部；第三，最值得慶幸的是，做賊的是他，不是我。」

對於任何人來說，被盜都是一件不幸的事，然而羅斯福卻找到了感謝「不幸的事」

的三個理由。這告訴我們要用積極的心態去看待生活。在職場中，尤其是當我們處在工作逆境中的時候，一定要保持正面態度。

不知道你有沒有這樣的經歷，上班途中擠捷運時，不知道被誰踩了一腳，剛換的新鞋留下了黑黑的印記，愉悅的心情一下子被烏雲籠罩。倘若你把這件小事放大，就會毀了你一天的心情。然而如果換個角度思考，你就會覺得快樂許多。「幸虧是別人踩了我的腳，而不是我踩到別人」、「還好只是鞋子髒了，要是腳受傷，那就麻煩了」。

在工作中也是這樣，既要看到問題的存在，也要解決問題，而不是遇到一點困難就垂頭喪氣，影響工作的積極性。我們見過很多剛入職場的大學畢業生，每份工作只做兩、三個月就跳槽。被問起為什麼會頻繁換工作時，他們總有諸多藉口，比如「這份工作不適合我」、「工作壓力太大，薪水太低」、「我沒有工作經驗，做不好也是正常的」、「我覺得這份工作無法展現我的價值」等。然而事實上，只是因為自己在一份工作中遇到了困難，或是沒有達到理想的狀態，就盲目驟下結論，給這份工作和自己判了死刑：「不適合自己」、「還是找一份自己喜歡的吧」。可是，年輕人，這個世界上哪有那麼多「你喜歡的工作」呢？

那麼，當工作中出現瓶頸的時候，我們究竟該怎麼辦？麥肯錫經常教育新人要保持「ＰＭＡ」。「ＰＭＡ」是英文 Positive Mental Attitude 的縮寫，指的就是時刻「保持積極向上的工作態度」，也是麥肯錫工作法中很重要的一條法則。常言道：「不為失敗找藉口，只為成功找方法。」當我們把全部的精力集中在工作上的時候，就一定可以走出瓶頸期。

在麥肯錫，對自己的工作全力以赴，而不是「有出力就好」，這樣取得成果的人是非常受人尊重的。這種完全融入工作中的人，會用不受其他因素影響、全神貫注的集中力將你折服，給你一種前進的動力。

剛剛踏進一家新的公司，一切都很陌生。公司的制度、運行模式、工作環境、工作內容、你身邊的新同事等，都是你不熟悉的。而這些都有可能成為你融入新公司、進入工作狀態的阻力。可能你有著極高的工作熱情，但是卻不知道如何發揮，那麼也將無法取得理想的成果。這時候你更加需要保持「ＰＭＡ」，累積實力，甚至必要的時候毛遂自薦，為自己取得理想的成果打下基礎，創造條件。

要知道，機會總是留給有準備的人。坦誠、努力向上的人總是更容易給上司和前輩留下深刻印象，並博得好感。謙虛、多與人交流，並虛心接受別人的指導，肯定會獲得更多機會。

作家李可寫的現當代小說《杜拉拉升職記》中，杜拉拉曾被接踵而來的困難折磨得喘不過氣來，可是她保持著樂觀的心態，虛心接受別人的批評，把別人不願意做的事情想辦法做好，最終獲得了老總的青睞，從一個沒沒無聞的小職員成為企業高管。

英國有一條古老的諺語：It is no use crying over spilled milk.，意思是「不要為打翻的牛奶哭泣」。十二歲的湯姆就是一個「為打翻的牛奶哭泣」的人，常常為自己過去犯的錯誤後悔不已。考試交完卷後，總想著自己對好幾道題目的答案沒有把握，不及格怎麼辦啊？其他同學半小時完成的作業，他花了四十分鐘就埋怨自己寫得太慢了。

某天，湯姆的老師帶了一瓶牛奶去上課。當他翻書時不小心碰倒了桌子上的牛奶瓶，牛奶立刻灑了一地。在大家的驚訝和惋惜中，老師卻大聲地說：「記住，永遠不要為打翻的牛奶哭泣！」小湯姆深深地記住了這句話，漸漸改掉了自己愛抱怨的壞毛病。

泰戈爾說：「當你為錯過太陽而流淚的時候，你要再錯過星星了。」麥肯錫人也是這樣要求自己的，不為錯過的東西黯然神傷，而是振作起來去迎接下一個挑戰。人際關係心理學認為在交往中第一印象是至關重要的，這稱為「首因效應」。麥肯錫人認為，保持ＰＭＡ是擁有良好的人際關係的開端。

有這樣一個實驗：請你按順序讀完下面的文字。

A. 有知識的　勤勉的　認真的　固執的　喜歡批判的　男性

B. 喜歡批判的　固執的　認真的　勤勉的　有知識的　男性

這是形容某位元男性的詞彙，文字是一樣的，只是順序不一樣而已。讀完A組，我們會覺得這是一位「有知識、勤勉、認真」的男性，而B組則給我們留下了「喜歡批判、固執」的印象。這就是「首因效應」的作用。而PMA這種積極樂觀的處事態度，同樣會給人留下深刻的印象。

沒有一種工作能令人百分之百滿意，對於職場中的人來說，正確冷靜地處理遇到的問題，才可以讓你在工作中遊刃有餘。

重點整理

無論遇到什麼樣的糟糕境況，都需要保持「PMA」，一個人的心態可以改變糟糕的境況，並成為他成功的助力。

02 摸清上司的類型，做到順暢溝通

劃分合作者的類型，有助於讓溝通更順暢。

曹操出兵漢中進攻劉備，受困於斜谷界口。想要進兵，被馬超拒守，收兵回都，又怕被蜀兵恥笑。正在猶豫不決的時候，廚師端著雞湯進來了。曹操看到碗中的雞肋，有感而發。低頭沉吟時，夏侯惇進來了，問夜間喊什麼口號。曹操隨口答道：「雞肋！雞肋！」夏侯惇便對眾兵將傳令，都喊「雞肋」。

行軍主簿楊修，見大家喊「雞肋」二字，便叫隨行的士兵去收拾行李，準備撤兵。有人報告夏侯惇。夏侯惇很吃驚，便前去楊修的帳篷問：「您為什麼收拾行李呢？」楊

修說：「從今天晚上的號令來看，魏王不久要回都了。雞肋，吃起來沒有多少肉，扔了又可惜。如今進兵不能取勝，退兵又讓人恥笑。既然沒有什麼好處，還不如早點回去，魏王肯定會下令班師回都的。因此先收拾行李，免得走的時候慌亂。」

於是軍營中的諸位將領，開始紛紛仿效，收拾行李，準備回都。曹操知道後，問明原因，對楊修說：「你竟然胡亂造謠，擾亂軍心！」於是下令將楊修斬了。

楊修自恃聰明，屢次觸犯曹操的禁忌，最後因為「雞肋」被曹操以「惑亂軍心」的名義處斬了。這雖然只是《三國演義》中的一個故事，但足見下屬和上司相處的方式很重要，不了解上司的脾性類型，往往會讓自己得不償失。

剛踏入職場的大學生，或是剛換工作到一個新單位的員工，和自己的上司相處幾天後，常常會有如下的抱怨：「我和上司意見不一致，他總是處處針對我」、「我是新人，總覺得很多老鳥都欺負新人，把不好做的事情留給我」、「我和他性格不合，我不願意和他在同一組工作」。實際上，人與人之間的相處都一樣，沒有什麼跨不過去的隔閡，也沒有誰和誰天生合拍或不合拍。只要摸清了對方的性格和工作習慣，找對方法，就一定能夠成為對方「合拍的搭檔」。

麥肯錫在培訓新人的時候，要求新人能夠準確了解自己上司的類型，並能根據不同類型的上司判斷出自己該用什麼方法進行溝通，以達成自己的訴求。

根據情感類型不同可以將上司劃分為情感型和理智型。

情感型的主要表現是情感豐富、直率、有氣勢、容易感動、重視共鳴，追求結果的同時也很看重過程，喜歡用自己的感性認識來描述自己的經驗和方法。

這種類型的上司，在工作中需要我們用能夠引起上司共鳴的方法來相處。比如在正式講話之前，可以有說「今天天氣不錯」、「您今天穿的這件衣服真好看」、「我希望自己有一天也可以像您一樣優秀」之類的話來鋪陳，用簡單的寒暄來拉近與對方的距離。說話的節奏由對方決定，我們保持和對方一樣的節奏來交流。可以坦白地說出自己的請求，也可以讓對方決定。倘若對方說的事情自己不懂，可以直接說「不清楚」，然後請對方解釋。當然，時間允許的話，也可以閒聊一些工作之外的話題。

談話過程中，我們可以用一些表達自己情感的詞彙，比如「非常高興」、「很感謝」、「沒問題」等。也可以適當地使用一些身體語言，讓對方感受到你的情感。

理智型的主要表現是重視理論、沉著冷靜、討厭藉口、不浪費時間、注重結果。這樣的上司，喜歡下屬在彙報工作時直截了當，開門見山地直接進入主題，例如「關於某某事項，我們公司損失了近萬元人民幣」。我們要自己把握說話的節奏，除非對方要求加快或減慢語速。

盡可能詳細地按順序描述自己的理由和訴求，並向上司詢問「這麼做可以嗎？」、「有沒有什麼遺漏的地方呢？」尋求對方的指示和評價，切記不要閒聊。不應過多地表現自己的情感，以免影響上司對自己的評價。

在麥肯錫，理智型的上司是較為多見的，但是客戶、創業經營者中，也有很多情感型的。

也可以根據同一時間處理問題的多少，來將上司劃分為單獨型和複合型。單獨型的上司基本上擅長集中精力做一件工作，當一件工作結束後再開始下一件工作。針對這種類型的上司，我們要集中在一件工作上進行商討和彙報，如果一次提出多個問題，容易引起上司的反感，甚至使問題陷入混亂。這樣的上司不在意花費在一件事情上的時間，可以誠懇地找他商量問題。

複合型的上司可以同時處理好幾件事，就算是遇到新工作也不會產生壓力。對這樣的上司，你可以一下子提出多個問題，頻繁地找他商量他也不會嫌你煩。

正如每一枚硬幣都有正反兩面，每一類型的上司也各有優缺點。因此，我們需要在了解上司類型的基礎上，盡量選擇讓上司感到舒適的方式和他相處，否則將會事倍功半。比如對情感型上司一味強調理由，會讓對方覺得你「不近人情」。對理智型上司一味強調自己的「幹勁」，卻沒有結果，也不會得到好評的。

當然，在摸清上司的類型之前，最重要的還是清楚自己的類型。然後在接觸中，盡可能根據上司的類型採取不同的配合策略，這樣溝通起來才可以事半功倍。

重點整理

每個人都有自己的性格和處事方式，上司也是。只有摸清了上司的類型，配合其採取行動，才會建立起良好的上下級人際關係。

03 用「占用您一分鐘時間可以嗎？」作為開頭

適當地改變說話方式，就可以和上司做到順暢地溝通，保證工作流程的進度。

有個年輕人打電話給著名教育家班傑明，渴望得到他的指點和幫助，雙方約好了時間和地點。

年輕人如期而至，看到班傑明的屋子大門敞開，裡面亂七八糟的，一片狼藉，年輕人大吃一驚。可是還沒等年輕人開口說話，班傑明就熱情地招呼道：「我屋子裡太亂了，請你在門外等候一分鐘，我收拾一下。」說完輕輕地關上了房門。

不到一分鐘後，班傑明又打開了房門，請年輕人進來。這時，年輕人看到屋子裡的一切井然有序，桌子上有兩杯剛剛倒好的紅酒，還蕩漾著餘波。

然而，還沒等年輕人說出滿腹的疑問和不解，班傑明就客氣地說：「乾杯，你可以走了！」

「可是……我還沒有請教您呢！」年輕人舉著酒杯，尷尬地說道。「這些難道還不夠嗎？」班傑明微笑地環視著自己的屋子，說：「你進來有一分鐘了。」

「一分鐘，一分鐘……」年輕人恍然大悟，說：「我懂了，一分鐘的時間可以做很多事情。」然後，喝完紅酒道謝後滿意地走了。

一分鐘的時間，看起來很短暫，但也可以做很多事情。故事中的班傑明用一分鐘時間讓自己房間呈現出截然不同的面貌，給困惑的年輕人深刻的指導。在工作中，一分鐘可以博得上司的青睞，也可能讓上司產生反感。

眾所周知，上司和下屬之間最容易產生摩擦就是在報告、聯絡和討論的時候。當你的上司負責多個項目時，每天都很忙碌，經常不在辦公室，在辦公室的時候不是打電話就是在處理文件，怎麼可能空出時間來聽你長篇大論地彙報工作呢？

可是有一些問題，又必須由上司做決定，工作流程就是這樣規定的，不可以缺少此一環節。比如需要由上司確認採購物資的種類、數量、價格；一些專案工程需要上司確定下一步的工作方案等。此刻，怎樣才能順利及時向上司彙報這些情況？

當上司剛回到辦公室，可能還沒有來得及坐下，你就走上前去，微笑著問：「經理，今天下午兩點有時間嗎？」本來想好事先預約下午兩點的時間，只需要一刻鐘就能把問題報告完畢，然後可以得到經理的指示和答覆，再去做自己的工作。你是這麼打算的。然而，上司的回答卻讓你想好的「計畫」泡湯了。

「沒時間！」簡單的三個字打破了你所有的幻想。

可是，你有想過為什麼上司會直接拒絕你嗎？在麥肯錫人看來，你被拒絕可能緣於以下幾個原因：

第一，身為下屬的你卻安排了上司的時間。公司裡每個職位都有自己要忙的事情，主管每天更是有忙不完的事情。你可能覺得浪費一分鐘沒有什麼，然而，你的上司卻很在乎。他最想要的結果是在一分鐘裡解決所有的問題。

第二，你沒有明確地告訴上司你想占用的時間是多久。五分鐘、十分鐘，還是更久？你的上司無從判斷，當然也不會給你占用時間的機會。

第三，你沒有明確地說出問題是什麼。當你突然問「下午有沒有時間」，上司可能想到你要問一些與當前工作無關的事情，或者是你的工作遇到了什麼困難，而此刻他不願意和你談這些問題。為了避免自己不想面對的事情發生，就採取了拒絕談話的態度。

那麼，要怎麼問才可以不被拒絕呢？

麥肯錫工作法告訴我們，為了達到可以繼續交談的目的，你可以用「只占用您一分鐘」開頭。「經理，關於合約的事情，我可以占用您一分鐘的時間嗎？」這樣一來，你的上司知道了你的問題是什麼，又清楚會花多久時間，就很容易接受你的彙報。倘若此刻他還有更重要的事情，那麼他肯定會提出「不好意思，十分鐘之後叫你」或者「你發信給我好了」之類的替代方式。

為什麼會這樣呢？「只占用一分鐘」的說法，給上司一種很快就可以結束的感覺，只要他接受你的討論，即使在一分鐘內沒有結束，他也會讓你把話說完的，甚至還會在你說完後做出補充。

就好比平時你走在大街上，一位陌生的學生走過來說：「您好，占用您一分鐘幫我填一份調查問卷，好嗎？」你一聽只要一分鐘，舉手之勞，只要你不著急走的話，是不會拒絕他的。相反，倘若一個人上來就問：「打擾一下，幫我填一份調查問卷吧，這是我的作業，幫幫我好嗎？」無論他說得多重要，多麼希望你的幫助，你也會頭也不回地離開。

有這樣一個小故事：有個人請朋友來家裡做客。他一共請了四人，結果只來了三個人。他說：「該來的沒有來。」讓來的那三個人很生氣，其中一個人走了。他立刻又說：「不該走的又走了。」剩下的兩個人更生氣了，其中又一個走了。這個人很無奈，隨口道：「我說的不是你。」最後，剩下的那個人也走了。這只是一個笑話，但是卻告訴我們說話技巧很重要。在和上司的溝通中，一定要先消去上司對你的警惕感，才有可能進行接下來的談話。

適當地改變說話方式，你可以和上司做到順暢地溝通，保證工作流程的進度。用「只占用您一分鐘」作為敲門磚，可以讓上司的大門為你敞開。

重點整理

當你向上司約時間彙報工作卻屢次遭拒，就可以用「只占用您一分鐘」作為開場白試一下，不管上司再忙，都會願意給你這一分鐘的時間。

04 以「事實」為基礎提出假設

數值化是職場上的重要能力。

約翰和哈利是同時進入公司的。三個月後，哈利向部門經理抱怨：「我和約翰同時進公司。可是現在他的薪水比我高一倍，也升上主管職了，我每天也很努力工作，卻沒有升職加薪，為什麼？」經理望著滿臉委屈的哈利，沉思了一下，並沒有直接回答他的問題，而是對哈利說：「你去市場看看，今天有賣什麼，回來我再回答你的問題。」哈利很快從集市上回來了，說：「集市上只有一個農民在賣馬鈴薯。」

「一車有多少袋，共多少斤呢？」經理問。哈利被問得一頭霧水，只好又跑回市場看了看，回來說：「一共十袋，大約一千斤吧。」

「嗯，好，價格呢？」經理又問。

哈利又傻眼了，怎麼忘記問價格了呢？剛想要再跑出去的時候，被經理叫住了，說：「你休息一下，我請約翰去集市看看。」

約翰被叫來後，經理告訴他去集市看看有賣些什麼。過沒多久，約翰回來了，他告訴經理：「集市上只有一個農民在賣馬鈴薯，一共十袋，價格是一斤零點八元，品質很好。我還帶了幾個樣品回來。另外，農民說過幾天蔬菜價格可能會漲，他家裡還有幾籃番茄。我想我們可以先預定一些，於是把農民叫來了，您可以自己和他談談。」

這時候，哈利終於知道約翰為什麼會升職加薪了。

同樣的事情，不同的人去做，結果是不一樣的。同樣是對集市的一個調查，哈利跑了很多次市場，也只是簡單地了解馬鈴薯的情況，而約翰只去了一次市場，不但全面了解馬鈴薯的情況，還向經理提出了購買番茄的計畫。很顯然，身為上司，我們更喜歡約翰這樣的員工。

很多時候，我們習慣提出「假設」：假如這個月的工作任務超額完成了；假如我的策畫方案通過了；假如這個項目中標的話……當我們總是在向上司強調自己的「設想」時，我們已經離被解雇不遠了。因為沒人願意聽你的「不存在事實依據」的假設，更何況是惜時如金的上司呢？

在麥肯錫，明確說明客觀「事實」，比只提出自己的「假設」要重要得多。例如A和B兩人同時用同一種方法對某家連鎖店進行了調查。在報告時，A說：「這家店平時沒什麼人，週六是它生意的黃金時間，人很多，消費額也比較高。他家的咖啡很好喝。」B說：「這家連鎖店的日平均客流量為兩百人，週六會增加到三百二十人左右，人均消費也會大幅提高。經分析發現，週六全家人一起出來消費的顧客較多，故造成了人流量大，消費額增加。」同樣採集資料，在同樣的現場，對看到的情況是否排除自我視角、站在公正的立場上做報告，是調查研究成敗的關鍵。

麥肯錫工作的核心是以事實為基礎，嚴格地結構化，以假設為導向。以事實為基礎，不是完全排斥自己的內心感受。自我視角更多時候只是對客觀存在的一種補充，倘若忽視了這一點，很容易只提出自己的「假設」或「設想」而偏離了事實。在我們的工作中，無論是調查還是報告，「事實」都是最重要的。

你的上司想要知道的不是「什麼時間人多，什麼時間人少，咖啡好不好喝」之類的問題，而是需要你用資料證明，這家店的生意如何。而這些資料，就是「事實」。

唯有在資料事實的基礎上，你才可以補充自己的「假設」。

可是，要做到以假設為導向，需要嚴格地結構化。即使是在事實的基礎上，錯誤的方法也會讓你的假設達不到目標。而結構化的正確性，是我們達成目標的有力保證。

一九五二年前後，日本的東芝電氣公司（TOSHIBA）一度陷入產品積壓危機，大量的風扇賣不出去。為打開銷路，該公司想盡一切

結構化的方法

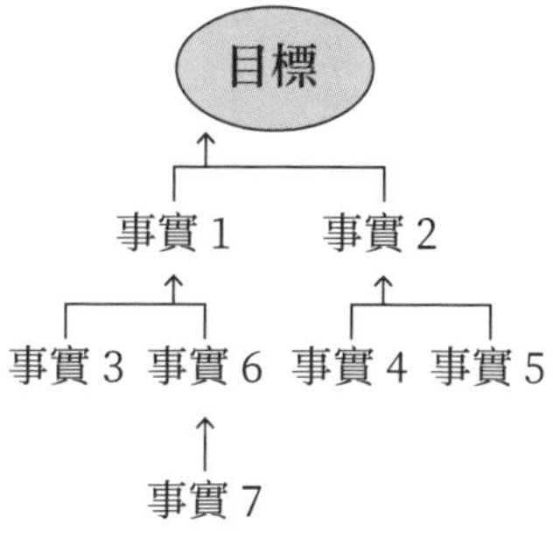

錯誤的方法

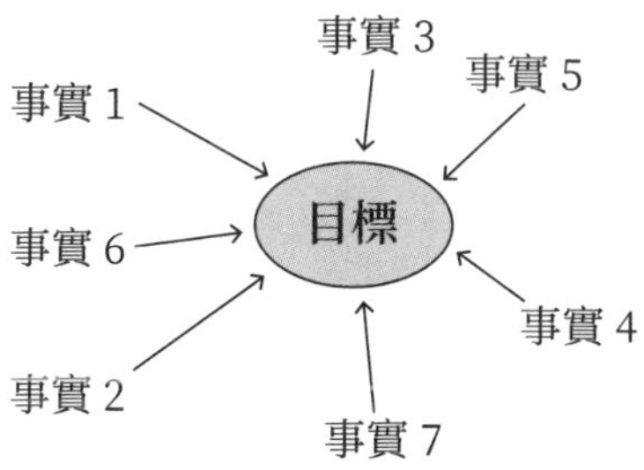

辦法，但始終沒有可觀的進展。某天，一位小職員向董事長提出改變風扇顏色的想法，他認為將黑色風扇改為淺色風扇來賣可以打開產品市場。

一直以來，日本電風扇扇葉都會被塗成黑色的，原因是設計者認為彩色的電扇一旦轉起來會讓人頭暈。然而，在這個慣例面前，這位小職員卻突發奇想，塗成彩色到底會怎樣呢？他自己首先試了試，發現並沒有出現頭暈的狀況，於是就將這個提議提交了上去。

這個獨特的建議馬上引起了董事長的重視，因為當時全世界的風扇都是黑色的，從來沒有人想過透過改變顏色來改善銷售狀況，在人們的傳統觀念中，黑色作為風扇的外觀顏色已經成為一種慣例、一種傳統，沒有人想過要打破這種傳統。經過一番研究，董事會最終採納了這個建議。

第二年夏天，東芝公司果然推出了一大批淺藍色風扇，風扇一上市便受到了廣大好評，市場上還掀起了一陣搶購熱潮。誰都沒想到，只是在顏色上做了一下調整，其他方面未做任何改動的東芝風扇竟然在幾個月內銷售了幾十萬架。此後，在日本乃至全球，風扇的顏色開始變得繁多起來，人們的視野也變得豐富多彩。

在麥肯錫人看來，在事實的基礎上，進行縝密的假設，才是有價值的報告。不注重事實，只是憑自我視點的「假設」提出意見，很容易讓人摸不著頭緒，甚至做出錯誤判斷。

重點整理

在彙報工作時，首先應彙報「事實」，單憑自我視點做出的「假設」，是不會贏得上司的青睞的。在事實的基礎上提出假設，就能把假設變成「目標」。

05 寄郵件給上司時該注意什麼

郵件的「主旨」很重要。

電子郵件是一種透過網路進行資訊交流的通信方式，也是網路應用最廣泛的服務之一。電子郵件有兩大優勢：一是價格低廉，不管發往哪裡，只需負擔網路費用即可；二是速度非常快，幾秒內就可以發送給世界上任何一個角落的網路用戶。

電子郵件可以是文字、圖像、聲音等多種形式，用戶可以得到大量免費的新聞、專題郵件等，實現資訊的輕鬆搜索。它大大便利了人們的溝通和交流，促進社會的發展。電子郵件如同信件一樣，有收信人姓名、收信人地址等。電子郵件已經成為我們生活中常用的交流方式，生日祝福、節日祝願、同學聚會邀請等我們都可以用電子郵件來送達，既方便快捷，又節省經濟成本。

我們的上司因為工作原因不能經常在辦公室辦公，因此，除了觀察上司的桌子貼便箋之外，最常用的就是發送郵件報告工作了。同樣，忙碌的上司每天也會收到大量郵件，如何讓上司優先閱讀你的郵件呢？

閱讀郵件時最先注意的是寄件人的名字。如果是重要人物寄來的郵件，無論多忙、內容是什麼，你的上司一定會打開看一遍的。無論是假日還是平時，倘若收到導師發來的郵件，你會置之不理嗎？即使你畢業多年，許久都沒有聯繫，也會想知道郵件的內容是什麼吧？在你常用的社交軟體中，好友一定會分很多群組，重要群組的好友發來的任何資訊，你都會很快回覆，而其他組的，你可能就忽略不看了。上司的郵件裡也可能有這樣的設置，重要人物的郵件專門分類在某個資料夾下面，甚至設有提醒。

由此可見，作為下屬，你發送的郵件優先讀取順序肯定要比上司的客戶低，你無法透過「寄件者姓名」一欄來提高自己的優先順序。

那麼，寄郵件給上司時最該注意的是什麼呢？答案就是「主題」，為郵件的主題填一個好的名稱。

試想一下，被我們「積壓」起來的郵件，即使沒有點開查看內容，也會看到郵件的主題是什麼吧？不是說所有讀取順序低的郵件都被忽略不讀了，有一些主題吸引人的郵件，也會被第一時間查看的。

「吸引人的名稱」和「不吸引人的名稱」有什麼區別呢？如果你的上司真的非常忙碌，你的名字在他那裡的讀取順序又比較低，這封郵件很可能得不到上司的及時閱讀和回覆，那麼你的工作將停滯不前，無法開展後續工作。一封「吸引人的標題」的郵件就可以讓你避免這個尷尬，使上司及時閱讀。

為了做到主題吸引人，你可能會想，我可以在主題中加入「重要」、「緊急」等字樣，來提示上司。這樣可以提高優先閱讀的順序。可是，一封郵件的重不重要，並不是由寫信人決定的，而是由閱讀它的人決定。

況且，這位閱讀郵件的人比你工作經驗豐富、見識廣，在立場上還是你的上司。你在主題上備註「重要」、「緊急」等字樣，只會使上司反感，因為這是你向你的上司表明事態的緊急性和重要性，而作為上司卻「不知道」、「不清楚」。就好比你向你的導師請教問題，卻指明這個問題對他很重要，請他快速回答一樣，會讓他心裡不舒服。

另外，「特別緊急」、「請務必今日回覆」之類的字眼更要避免，因為郵件的重要性不是由你決定的，而是取決於你的上司。既然是重要緊急情況，就不應該發郵件，而是口頭傳達。

究竟怎樣寫才算是「吸引人的標題」呢？

你可以在主題前加上「討論」兩字。比如「討論 A 公司的進展情況」、「討論與 A 公司的合作事宜」等。「討論」兩個字可以給上司留下「這件事很重要」、「這封郵件的內容不能錯過」之類的印象，吸引人去閱讀。只是，只能在真的很重要的事項上才能用，不能事事都用，否則會給你的上司造成不真實的印象，用的次數多了，上司就不會相信它的重要性了。

在麥肯錫，寫郵件的標準是盡可能簡潔。為了使收件人在最短的時間內了解郵件的要點，郵件的內容要控制在一頁之內。內容需要列明序號，指明重點。

你可以參照以下的內容範本：

主題：討論關於我們向A公司租賃設備的事

正文：

現狀有以下三點：

1. A公司提出的租金高於我們的預算。

2. A公司要求租賃期最短不低於一年，不接受提前解約，若租期低於一年，我司需要支付巨額違約金兩萬元。

3. 設備租賃期間的維修費用由我公司承擔。

以上情況，請問經理作何安排，是接受A公司的租賃條款，還是終止談判？

當上司看到你的郵件後，一般會盡快回覆，倘若需要考慮，當下不能做出決定，也會回覆郵件告訴你：「我需要考慮，明天給你回覆」。這樣，你就不用擔心上司沒有及時得知郵件內容，影響你的工作進程了。

有人曾說：「在給別人安排工作之前，應該事先了解這個人的工作效率。要想知道他的反應時間，最好的辦法就是給他發一封電子郵件。」

回覆郵件越快的人，工作效率越高。這是前人總結出來的經驗。因此，當你掌握了向上司發送郵件的要領，透過上司回覆郵件的速度，也可以看出他的辦事效率。

重點整理

郵件的重要性不是由你決定的，而是由你的上司來判斷的。在向上司發郵件時，在主題名稱前加上「討論」二字，可以提高郵件的吸引力，引起上司注意，容易使他優先看你的郵件。

06 就工作事宜及時與上司進行確認

在工作過程中，一定要逐一向上司確認工作的意圖和想要達到的結果。

某擔保公司為了開發業務，決定訂做一批帶有公司標誌的紙巾作為宣傳品送給客戶。辦公室採購人員小姜在調查後發現由C生產商做出的這批面紙價格比較合適，於是將C生產商的情況及其面紙預計生產完成時間報告給總經理。

總經理只是口頭許諾說可以，但並未就價格和數量做明確批示，然後把與C生產商合作的事宜交給了小姜。小姜在和C生產商詳談後，確定了生產面紙的大小、數量、價格以及交貨時間等一系列事宜，並向總經理申請採購定金兩萬元。可是，他並沒有向總經理最後確認生產面紙的數量以及這批禮品的預算。

三個月後，C生產商生產完畢後交貨，要求小姜公司支付剩餘價款。這時候，總經理才知道這批面紙雖然單價不高，但生產商的起訂量是十萬個，最終價款遠遠超過了公司的預算。可是，生產商已經完成生產並交付面紙，訂購合約已無法解約，總經理只好批准支付了剩餘款項。而小姜也因此被辭退。

該擔保公司因訂購面紙禮品造成損失，其根本原因是員工小姜並未就採購事宜及時向總經理確認。雖然他在和C生產商簽訂合約時有經過總經理的批准，但最後的採購價格及數量仍需要向總經理確認。

在生活中，我們經常會碰到需要確認的事。在超市購物刷卡結帳時，收銀員會要求你在消費小票上進行簽字確認；在銀行辦理業務時，銀行工作人員除了口頭向你確認是否辦理此業務，還會列印單據讓你簽字確認；有好多操作口令，在最後一步都會出現「是」、「否」來讓你進行最後一步確認。可以說，確認是我們做出行動的「指南針」。

在職場中，身為下屬的你，在接到上司安排的工作時，一定要在規定的時間內，向上司進行確認，確保工作按質按量完成。對於上司安排的工作，我們需要向其確認三點：

一、**這份任務的期限**。

二、**工作的真實意圖和方向**。

三、**要求達到的目的**。

很多人認為工作的最後期限只要上司記得就可以了，在上司真正需要的時候會提醒自己。可是，你的上司工作繁忙，很多時間都花在說明工作內容上。如果你不知道最後的工作期限，認為「什麼時候完成都行」，那你可就大錯特錯了。

幾天之後，你的上司忽然問你：「那件事怎麼樣了？」結果你還沒做，上司肯定會生氣，覺得你沒有執行力。如果你已經著手做了，還沒完成，你的上司一定會覺得你拖了小組的後腿，拖累工作進程。即使你已努力，上司對你的評價也不會太高。了解工作的最後期限，是使你付出的努力得到回報的一個基礎。

在工作過程中，一定要逐一向上司確認工作的意圖和想要達到的結果，否則可能是南轅北轍、徒勞無功。

一個採購部門的人員接到部門主管分配的一項任務，要求他一個星期內對供應商的資料進行分類，下週一會議上做分析報告用。到了會議開始前，該人員將整理好的資料交給主管。主管打開一看，臉色一下子變了，說：「不對，怎麼搞的？」原來，主管的意思是將資料按照材料類型分類，而那人則以為是按照地區進行分類管理。這就是在接到主管的任務時沒有及時和主管溝通、確認工作意圖，導致「執行走樣」的尷尬情況。

本來很簡單的工作，只因為自己沒有和上司確認，造成對工作指令的誤差理解，工作當然就不可能圓滿完成，甚至還會造成不可補救的損失。為了避免這種情況，越是複雜、期限越長的工作，越要及時向上司進行確認。這將對你的工作成果起決定作用。

如何對上司安排的任務進行確認呢？首先是**複述確認**。當上司安排完任務後，你在自己的理解上再向上司複述一遍，看上司安排的意圖和你自己的理解是否一樣。

其次是**資訊真實**。在傳遞過程中要保證資訊不會失真。例如上司要求你採購一批「淺灰色」的布料，這時候「淺灰色」是一個模糊的概念，因此要向上司要一個參照樣本，以此保證任務中的「淺灰色」資訊不會失真。

對上司的任務要及時確認，就是只要你有所行動，就要不斷進行彙報並確認，確保自己的工作方向是正確的。

公司老闆要安排和三個重要的客戶進行會議討論，要求小麗在酒店預訂三個房間，房間面陽光，且可以開窗看到大海。小麗接到命令後，立刻開始打電話預約，可是很不巧，要麼是酒店沒有會議室，要麼就是沒有臨海向陽的房間。小麗及時把這該情況彙報給公司老闆，老闆說：「了解。」小麗繼續打電話，找到一個有符合會議和住宿要求的酒店，可是向陽的房間只剩兩間了。小麗趕緊預訂了這兩間房間，並把這一情況告知老闆，老闆說：「了解。」

後來，小麗前去酒店安排時得知，她預訂的房間的旁邊被一位老太太和她的孫子預訂了，他們是來度假的。於是，小麗試著和老太太交流，問他們是否願意住在對面房間，對面房間可以免費。老太太愉快地答應了。小麗便自掏腰包定了對面的房間給老太太住，然後向老闆報告，酒店房間已經預訂好了，會議室臨海向陽，房間並排。老闆說：「了解。」事後，老闆對小麗預訂酒店的任務完成情況非常滿意。

及時向上司彙報工作並進行確認，可以讓上司對工作完成情況有全面的了解，並及時做出應對策略。在麥肯錫人看來，確定自己工作方針的時候，一定要和上司進行確認，得到肯定答覆後再開始工作。如果發現自己的工作有誤，一定要及時改正。

越早和上司確認越好。上午接到的任務，下午就確認。午後接到的任務，傍晚或者第二天早晨就去確認。這樣可以保證上司沒有忘記這件事情的詳細內容，也更容易做出判斷。

重點整理

對於上司安排的任務，要及時進行確認。及時做出修正可以避免浪費時間，也可以在與上司的溝通中使工作變得輕鬆。

第五章

合理組建團隊，有效完成任務

01 選拔合適的團隊成員

一個團隊的水準如何，是由該團隊中的劣勢決定的。

麥肯錫公司是一九二六年由詹姆士·麥肯錫在美國創立，經過近百年的發展，它在全球四十多個國家和地區設有八十多家分公司，目前擁有九千多名諮詢顧問，成為享譽世界的管理顧問公司。麥肯錫為不同的競爭者服務，為確保客戶的利益，所有的人員、資訊和資料都有嚴格的管理措施，每位諮詢人員必須恪守公司政策，遵守公司規定的工作方式。麥肯錫的發展，無疑得益於它有一支遍及全球、精明睿智的人才隊伍。

俗話說：「三個臭皮匠，勝過一個諸葛亮。」要想成功解決商業問題，必然需要謹慎地選擇你的團隊。一個優秀的團隊不是隨意挑選幾個人，讓他們去解決問題就可以了。唯有對現有的資源合理組合，才可發揮最大的效益。

眾所周知的木桶定律，講的是一個水桶能裝多少水，不是看它最長的木板，而是取決於它最短的那塊木板。一個團隊的水準如何，是由該團隊中的劣勢決定的。麥肯錫清楚地知道短板效應對整個團隊的影響，因此對它團隊中的每個人的優勢和劣勢都一直保持密切的追蹤。

一個企業要想成為一個結實的木桶，必定要有許多優秀的團隊，而每個團隊都需要從增加所有板子的長度做起。在企業中，最常見的做法就是對員工進行教育和培訓。

企業培訓不但可以提高員工的整體素質，也可以使得團隊的力量發揮到最佳。被譽為美國「最佳管理者」的奇異公司前總裁麥克納尼（McNerney）宣稱，奇異每年的員工培訓費用就達五億美元，並且將成倍增長。

惠普公司內部有一項關於管理規範的教育專案，僅僅是這一個培訓項目，研究經費每年就高達數百萬美元。他們不僅研究教育內容，而且還研究哪一種教育方式更易於被人們接受。眾多著名企業花重金來培訓員工，就是希望透過優秀的員工隊伍，能夠帶來企業的長久發展。

那麼，該如何選擇自己團隊的成員呢？

團隊的英文是TEAM。你可以這樣理解：T代表Target，指的是目標；E代表Educate，指的是教育、培訓；A代表Ability，指的是能力；M代表Moral，指的是士氣。因此，我們的團隊，首先要有共同的目標，在經過特定的培訓後，具備一定的能力和高昂的士氣，為了目標而努力。

在挑選團隊成員前，要了解自己團隊的工作要求，需要具備什麼樣的能力、素質、經驗等。注意候選人的合作能力、工作態度、個人優缺點、心理素質以及抗壓能力大小等。

麥肯錫選拔團隊的理論有兩種：一種是

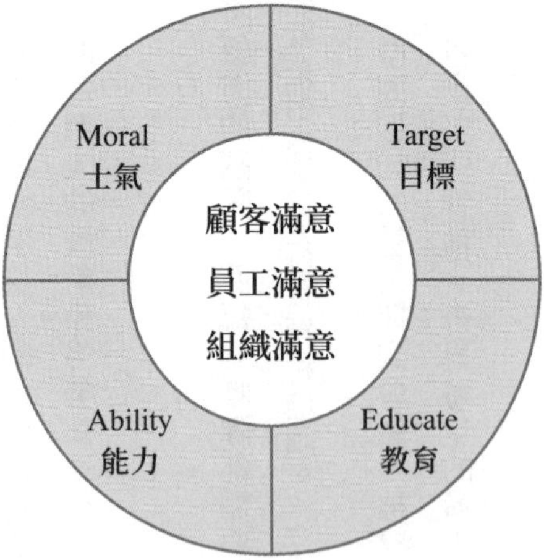

注重智慧，為自己的團隊選拔聰明的隊員，不管他們的閱歷或個性如何；另一種是注重成員的自身技能和特定經歷，持這種觀點的人認為，在麥肯錫，聰明是最基本的，哪位麥肯錫諮詢人員不夠聰明的話，一定會被淘汰。所以，個人的技能和經歷才更重要。

可是這兩種理論都不全面，都有不足和可取之處。智慧型的成員固然可以使團隊集體的聰明才智得到發揮，可是太張揚的個性會抑制團體力量的正常發揮。自身技能強的成員可以使團隊中的個體能力增強，但整體的效益不只是單個效益的疊加，會容易形成「合成謬誤」。

麥肯錫的團隊選拔就很值得借鑒。在麥肯錫，沒有專案時叫「在海灘上」，正如一個人在鬧市待了太久，免不了會嚮往寧靜的田園生活。「在海灘上」的時間久了，肯定會著急地想進行專案。這些等待新專案的人員會被列在一張清單上，並標明他們的工作經歷、分析能力以及客戶管理能力等。

新專案開始時，專案經理就會在這張清單上挑選團隊成員。當然並不是只看著名單進行評估就可以了，聰明的專案經理會在他潛在的團隊成員到職前進行深刻的談話，來確保自己挑選的成員符合團隊要求。

需要注意的是，千萬不要依據清單上的評估資訊，對覺得不錯的人給予特殊照顧。只有透過和他們見面、交談，才能了解他們被推舉的真正原因。

作為主管，選拔合適的團隊成員是取得專案成功的前提。因此，在挑選自己的工作夥伴時一定要慎重。

重點整理

團隊成員決定一個團隊是否有所成就，不能隨意地選擇團隊成員，一定要挑選技能和個性對項目有幫助的人。

02 安排一些聯絡感情的活動，提升團隊士氣

士氣是團隊成功與否的關鍵。

趙波是北京某公司的銷售經理，他帶領的團隊共有八人。由於這個團隊剛成立不久，新人較多，大家共事時間不長，彼此之間不是很熟悉。他們的工作內容主要是打電話，透過電話溝通，找出對他們的產品有需求的人，來促成訂單。

打電話給陌生人，而且每天必須打幾百通電話，才可能有一兩人有意願，這對新人來說是莫大的挑戰。因此兩個星期下來，新人幾乎一無所獲，許多人失去了信心。

趙經理看到這種情況，決定每天開始工作前做一些提升自信心的活動。他帶領大家

先唱一段勵志歌曲（大概五分鐘），然後請有收穫的人上臺分享自己獲取意向客戶的經驗（三分鐘）。最後，他請大家分別給他人一個擁抱，並告訴對方一句勵志的話。如此一來，新同事和老同事之間更加熟悉了，沒有獲得意向客戶的人在聽取了他人成功經驗後，受到同事的鼓舞，也獲得信心。一時間，趙波的團隊士氣高漲，團結一致，工作積極性也更高了。

團隊是為了一個共同的目標而走在一起，由兩個或兩個以上的成員組成。團隊成員之間的相互溝通、信任以及合作，產生群體的協作效應，取得大於個體成員的成績。團隊中，一個人能力強不算強，每個人都能力強才算得上厲害。趙經理把上班前的十分鐘時間留給大家，就是想讓大家透過交流共同進步。

團隊活動是增進團隊友誼、促進個體交流的連結。一些聯絡感情的活動，能讓大家在一起工作的時候更加愉快。活動只是一種手段，而不是目的，因此，我們不可為了活動而活動。只有每個團隊成員把自己當成團隊的一分子，把個體的工作和整體的目標結合起來，才可以提升團隊的凝聚力。

對麥肯錫人來說，團隊活動是非常必要的。在每項專案中，或多或少都會有幾次團隊活動，比如一起去吃自助餐、去看表演或比賽，甚至還有專案經理在工作取得成績之後帶大家去某個風景區度假。

上述這些活動固然提高了大家的工作熱情，可是要多少活動才合適呢？有位資深的麥肯錫校友說：「不需要太多。」因為他認為少量的團隊活動就可以造成很大的效用，而大家大部分時間都在一起工作，除了團隊活動之外，更需要的恐怕就是私人生活了。把更多時間節省下來，讓他們和自己的家人在一起，比團隊一起吃大餐、看比賽更有意義。

的確，每個人忙碌一整天之後，最期待的應該就是拋開工作，過屬於自己的生活。而過多的團隊活動，會占用他們的私生活，不但增進不了感情，還會適得其反。在麥肯錫，團隊每天在客戶駐地工作的時間超過十個小時，還要在辦公室過一天週末，這些時間對於加強一個團隊的凝聚力來說已經足夠了。

很多人會有類似的經歷，在一個專案沒有取得好成績時，自己的信心就減半了。倘若開始另一個專案，結果依然不是很理想時，你可能就打算做「逃兵」了吧。尤其是一些剛加入團隊的新人，會開始懷疑自己是否可以勝任這份工作。這時候，再多的團隊活動也是拯救不了「逃兵」的，而迫在眉睫的就是提高團隊士氣。

麥肯錫有這樣幾條保持團隊士氣的祕訣：

一、**掌握火候**。身為專案經理，要時常和你的隊友溝通交流，了解他們手中工作的現狀，詢問是否遇到了困惑和無法解決的難題，並在合適的時機採取補救措施。

二、**穩步前進**。如果隊友經歷了多次失敗後，信心不足，又著急完成手中的工作，你要幫他做出正確的分析，告訴他欲速則不達，穩步前進才可以勝券在握。

三、**讓隊友知道自己手頭工作的價值**。每個人都希望自己的工作在為自己創造財富的同時，也會為他人創造價值。最讓隊友感到垂頭喪氣的事，就是他覺得自己的工作沒有任何意義。因此，你要明確告訴隊友他工作的價值是什麼。

四、**了解你的隊友**。詢問隊友有什麼愛好、來自哪裡、是否有孩子、家庭情況如何，都可以增加你對他們的了解。工作之餘，和他們聊聊自己的切身經歷，分享自己成功的經驗，會讓他們和你更加親近，並以你為榜樣而努力。

五、**尊重你的隊友**。尊重一個人也是自身道德修養的體現，沒有任何理由可以不尊重一個人，更何況是你的隊友。除了對他們禮貌之外，更重要的是記得他們有自己更重要的事情。因此，一個十分鐘可以結束的會議，就不要拖半小時，早點結束，讓他們去做自己更重要的事情。尊重也意味著不要把自己不願意做或者未完成的事情推給隊友。當你的隊友加班工作到很晚的時候，如果看到他的專案經理也在工作，心裡會感到欣慰。

一個團隊，有了聯絡感情的團隊活動，又有了提高士氣的祕訣，即使它不能在解決商業問題中百戰百勝，但至少不會搞得大家在遇到困難或者工作進展不順利時，就集體辭職做「逃兵」。

重點整理

在團隊中，適當的團隊活動可以增進成員之間的感情，讓大家為了共同的目標奮進。在提升團隊凝聚力的時候，也要注意提升團隊士氣。高漲的團隊士氣，可以提升大家的工作熱情。

03 認可！激勵！共鳴！

認可你的部屬，是成為精英主管的第一步。

華為公司的員工小張和自己的主管關係處得很緊張，他工作時的一些想法總是被否定、得不到認可，因此他總是憂心忡忡、興致不高。恰巧，聯想公司需要從華為借調一名技術人員協助他們進行市場服務。華為總經理經過再三考慮後，決定派小張去，於是便叫來這位員工並叮囑他：「出去工作，既代表公司也代表個人，因此，你要好好做，我相信你的實力，但是覺得自己真的頂不住了，可以隨時打電話申請回來。」小張連忙點頭答應，然後高興地離開了，覺得這是一個施展自己才華的機會。

一個月後，聯想公司打電話過來，說：「你派出的員工還真棒！」華為的總經理聽了笑著回：「我還有更厲害的呢！」然後著實鬆了一口氣。小張回來後，得到了總經理和同事的認可，部門主管也開始對他刮目相看，他也更有自信了。後來，小張為華為公司的發展又做出了許多貢獻。

小張的例子證明了，注意加強對「問題員工」的激勵，可以使得原本成績平平的人有突出的表現，從而為企業發展做出更多的貢獻。用短板理論來解釋的話，就是讓「短木板」慢慢變長，從而增加整個「木桶」的盛水量。

一個優秀的團隊，不是把「高木板」和「短木板」對立起來，而是發揮每個人特有的優勢，並把他放在合適的位置上。

對於主管來說，最重要的工作之一就是激勵部屬，發揮其優勢。那麼要如何激發部屬的潛能？

首先是「認可」部屬。所謂「認可」，就是承認這個人，並了解這個人的長處。傑克．威爾許曾說：「我的經營理論是要讓每個人都能感覺到自己的貢獻，這種貢獻看得見、摸得著，還要數得清。」

當一個員工完成了某項工作任務時，最需要的就是主管對他的肯定。而身為主管，認可下屬的方式有很多，可以發一封郵件，或者當著其他員工的面對他進行表揚，又或是私下打電話祝賀等等。

其次是讓員工參與決策。集體的智慧遠遠大於主管一個人的。身為團隊中的一員，每位員工都渴望參與和自身有關的決策，來凸顯自己「主人翁」的身份。作為主管，你可能覺得自己比你的每位員工都聰明，但是，你一個人的智慧再大，也不會大過所有員工的集體智慧。

索羅維琪在《群體的智慧》中指出，在適當的條件下，集體在尋找解決方案，甚至預測未來結果方面，都被證明具有非凡的能力。美國愛荷華大學的「電子市場」（The Iowa Electronic Markets，IEM）是預測未來事件的交易場所。從一九八八年到二〇〇〇年的美國總統選舉中，IEM在選舉前夕所做的預測和實際結果的平均偏差僅為1.37%，比專業公司的調查結果還準確。其原因IEM預測是一個開放式的、自由參與的民意調查，沒有政界領袖、民意測驗專家、評論家或政治分析家來決定最後結果，只有平民大眾參加。

再來是給予一對一的指導並讚美下屬。身為主管，你願意花時間去指導你的員工，傳遞給他的資訊就是你非常在乎他，而這必定會給對方帶來莫大的鼓舞，激勵員工更加努力地工作。在指導的過程中給予員工「即時」的讚美，是對員工工作的一種肯定。

最後是為工作成績突出的員工頒發榮譽稱號。強調公司對其成績的認可，讓他覺得自己出類拔萃。這種做法不但激勵了當事人自身，還會對沒有獲得榮譽的員工形成鞭策，鼓勵大家都好好工作，爭當「榮譽員工」。

在麥肯錫，主管們除了管理和監督自己的專案、為客戶提高整體的成果，剩下的重要工作當屬激勵自己的下屬，讓其在工作的時候充分發揮自己的能力。這些優秀的主管通常都具有三個特點：認可部屬、激勵部屬、和部屬產生共鳴。

當部屬達成目標時，一般情況下都會獲得主管的稱讚。可是這種稱讚是有條件限制的。當稱讚的條件不存在時，麥肯錫的「優秀主管」往往就會選擇「絕對認可」部屬。得到了主管的認可，部屬也會充滿幹勁，成長迅速。

你可以試著從找出部屬的優點開始。「小趙你性格開朗，談吐幽默，這次尾牙就由你策畫吧！我相信以你的才能絕對可以勝任。」聽到類似的鼓勵話，部屬很容易和你產生共鳴，自然信心十足，潛力也會被激發出來，重點是，他對自己的主管充滿信賴。

我相信，性格暴躁、容易發怒的主管是很少看到部屬的優點的，也不可能對自己的下屬做出認可。倘若身為主管只看結果，不懂得認可或者看不到部屬的優點，那要如何激勵自己的部屬發揮潛能呢？

「你的回答很好！」、「你的笑容讓我覺得很溫暖！」、「你今天的穿著很適合你」這些類似的話告訴部屬你很在乎他們。一個只知道發脾氣的主管是不會取得任何成果的。認可你的部屬，是成為精英主管的第一步。

重點整理

認可你的部屬，和你的部屬產生共鳴，激發他的潛能，讓部屬的「短木板」變成「高木板」，工作碩果也會接連而至。

認可部屬才能激發他們全部的工作熱情，並使之對主管產生滿滿的信賴。

04 及時與部屬交流，消除困惑

適當地用提問的方式來徵詢部屬的意見，可以發現自己遺漏的地方，甚至找到更多創意和靈感。

林青自晉升經理以來，對公司的大小事務都得過問，常常忙得焦頭爛額，沒有時間和下屬交流。

某次會計過來核對單據，林青發現自己的日程表上並沒有此項安排，也沒有得到任何通知。而負責通知此事的是員工小劉。小劉在上週五接到會計電話，約定了本週一核對單據。當時經理林青不在辦公室，而小劉當天下午身體不適，便請假回家了，忘了將此事告知林經理。林青只知道是因為小劉忘記告知此事，才讓公司準備不足，便當著很多員工的面批評了小劉。小劉雖然覺得委屈，但沒有為自己辯護。只是此事過後，小劉工作積極性不高，也漸漸疏遠了林青。

林青在下屬小劉出現工作失誤後，不問緣由便直接批評了他，容易打擊員工的工作積極性。這顯然是錯誤的做法。

你被提拔為主管，一定是因為你的成績得到了公司的認可。你比同期的員工升遷得快，應該是一個能力出眾的人。既然這樣，是不是應該和自己的下屬多多溝通，讓他們快步成長呢？

許多優秀人士在被提拔為主管後，都反映自己「沒有人可以討論」了。因為越是有責任感、能力出眾、工作效率高的人，越是願意凡事親力親為。當下屬遇到困難時，便自己動手去解決問題，這樣的主管固然很受人喜歡，可是，一個能透過督促提示下屬，讓其自己找出問題並解決的主管，更會受到下屬的尊重。

由於自己是因為能力突出而被提拔為主管的，所以很容易產生極強的自尊心，認為自己能升為主管，代表自己「智慧超群」，比所有下屬都強。如此一來，當主管自己遇到問題時，就不願意和自己的下屬交流，而是獨自承擔。這樣極容易導致一個「工作效率極高的」主管卻帶出一個「工作緩慢品質差」的團隊的結果。

小陳應徵上一家服飾店的店長。這家店屬於中小規模，有十幾個員工，但是業績不佳，基本上沒什麼獲利。

原來，這家店的老闆不善管理，員工養成了散漫懶惰的習慣。為了改變這種狀況，小陳沒有和大家商量，強行推出了新的規章制度，並再三強調，自己會按照新的制度處罰違反的人員。

然而，這種方法效果並不佳。被處罰幾次後，那些常違反規定的老員工便開始破罐子破摔，繼續違規。他們還私底下說：「罰吧，隨便罰！大不了不幹了！」這話傳到小陳耳裡，小陳覺得很無奈。雖然強制措施有一定威懾力，但不能把員工全趕走啊！

後來，小陳聽取了朋友的建議，開始召開集體討論會議，在遵循大制度的前提下，適當靈活實施了小制度，還定期找一些老員工談心，了解他們的想法，並讓他們認識到態度散漫對工作的危害。同時也讓他們知道，店面業績不好，受影響最大的還是員工自己。後來，小陳得到了大家的支持，店鋪員工面貌煥然一新，業績也提升了。

在麥肯錫，整個團隊經常會一起討論。專案經理負責統籌安排整個專案，各個小組長再分派專案任務。主管和部屬會一起商談各種各樣的問題。這時候，每位身為部屬的成員，都會盡自己最大的努力去貢獻智慧，希望找出問題的突破口。

倘若你還在為某件事左右為難，不妨召開一次集體會議。「眾人拾柴火焰高」，坦率地說出你的困惑，適當地提出問題，讓部屬和你一起探討解決問題的辦法。這看似不如「憑自己的直覺蠻幹」有效率，實際上卻是最快找到解決問題方法的途徑。

獨自尋找辦法的做法，無非是自尊心作祟，認為「身居高位者，必須戰勝孤獨」罷了。孔子曾說：「三人行，必有我師。」、「敏而好學，不恥下問。」更何況是向一群集體智慧超過自己的人們請教呢？

「對於制度改革這件事，我是這樣想的……坦白說，這是我個人的直覺。所以，我想聽聽大家的看法，正面、負面的都可以，只要對此事有幫助就行了。」當你坦誠地向下屬說出自己的困惑時，有誰會不願意幫助你呢？他們也會因此變得更加團結。

「人非聖賢，孰能無過」，你的部屬會知道，他們的主管也會判斷失誤，也會有自己一個人解決不了的事情。在商業活動中，永遠沒有絕對正確的答案。當主管把自己的困惑展現給部屬時，部屬會更願意親近主管，激發自主意識和責任感，為主管分憂。

適當地用提問的方式來徵詢部屬的意見，可以發現自己遺漏的地方，甚至找到更多創意和靈感。

重點整理

及時和自己的部屬交流，不但可以找到解決問題的辦法，還可能會發現自己遺漏的關鍵點，找到更多的靈感，提升自己。把自己的困惑告訴部屬，可以讓他們看到上司坦誠的一面，增強部屬對上司的信賴感。

〔05〕懂得授權，提高部屬的能力

下君盡己之能，中君盡人之力，上君盡人之智。

「我哪裡有時間去授權我的下屬啊，我的能力比他們都強，有那個時間還不如自己完成呢！」

「下屬的工作能力還不成熟，交給他們我不放心，還是我親自做的效果比較好！」

「我害怕競爭，教會徒弟餓死師傅，不能讓他們超越我……」

有各式各樣的理由，使得主管不敢輕易放權，總覺得授權給別人自己心裡不踏實。

可是北京一家公司的老闆陳輝卻不是這樣。他曾在會議上向大家袒露自己的觀點：「我不放權，我的短處就會暴露，而我的精力也會消耗在大量的日常工作中，這會牽制我長處的發揮。對公司來說，這是致命的弱點。」

因此，公司成立後，陳輝先後兩次放權，雖然走了不少彎路，但是他深知放權與授權的重要性。

只有充分調動下屬員工的潛力，公司才能發展壯大。當放權失敗的時候，不是把權力收回集中，而是總結經驗，再次嘗試。經過不斷摸索，他的公司終於走上軌道，自己也可以在管理中輕裝上陣。

韓非子曾說過這樣一句話：「下君盡己之能，中君盡人之力，上君盡人之智。」這句話同樣可以運用到企業管理上。在工作中，管理者要敢於放權和授權。這既是管理者成熟的表現，也是管理者取得成就的基礎和條件。

在企業創立的初期，由於資本和人員稀少，需要面對和處理的事情也少，管理者事必躬親、全權負責的做法是對的。這時如果再把工作進行細化分工，反而不利於企業的發展。

但是，當企業逐步擴大規模、走向成熟時，管理者就要學會放權了，把手下的具體工作分工給下屬，擴建團隊，用團隊管理取代個人管理，這才是健康和高效的企業管理模式。

一位專家曾如是說：「管理者80%的工作都是可以授權的。」其實，一個被工作急到焦頭爛額的管理者，只需要把權力適當下放給下屬，就可以很輕鬆地工作。可以利用剩餘的時間來思考公司發展的戰略，或者好好放鬆休息……

很多人很忙碌、很敬業、很勤奮，但效率卻很低，成績也一般。當你把自己的時間和精力都放在所謂緊急的事情上時，你就無暇關注其他事情。作為主管，一定要合理分配自己的時間，把重要的事情放在首位，而一些不用親力親為的事情就可以交給下屬去做。這樣既可以讓自己有更多的時間用在更重要的事情上，又能夠讓下屬得到鍛鍊，工作能力也會提升。

授權需要智慧。身為管理者，我們不能不授權，也不能隨便授權。只有合理地授權，才可以提高部屬的工作效率和團隊的合作能力，讓部屬和團隊共同成長。如果管理者不懂得合理放權，只信任自己，管理的事情太多了，不僅會把自己累壞，也會讓部屬的能力退化，讓部屬感到不被信任，使其養成依賴性，更不會對工作產生積極性和創造性，這都不利於企業的長期發展。

那麼要如何做到合理授權？

授權是主管對部屬信任和支持的表現。在向部屬授權時，既要定義好相關工作的許可權，又要明確其責任範圍，這樣才可以給予部屬足夠的資訊和支援，使部屬在擁有的許可權內承擔相應的責任，不會出現管理上的混亂。

美的集團創辦人何享健被稱為家電行業內「最瀟灑的企業家」。他不用手機，酷愛高爾夫，除了週末要打球，工作日中也會有一兩天在綠茵場上度過。他說：「很多事，他們不用請示我。我要找人，幾分鐘就能找到。每天我一下班就回家，一步都不再離開，晚上我從來不辦公。」

他的部屬在充分享受授權的同時，也面臨著嚴峻的業績考驗。在該公司，每個人只能用很短的時間證明自己，業務通常只有三到六個月的時間作為考核，事業部的總經理也是一年一聘。美的形成了這樣一種文化：業績沒達標就立刻換人；倘若指標達到了，無論什麼職位，獲得的激勵獎金都會頗為豐厚。

在這樣的制度下，員工的危機感特別強，甚至有些人的憂慮會強於真正的老闆。讓別人替自己操心，這是何享健最讓我們羨慕的地方。美的的成功，和他懂得合理授權是分不開的。

每個人都有實現自我價值的願望，渴望接受一些挑戰，從而增長自己的知識才幹，挖掘自己的創造潛力。只要主管進行合理的授權，部屬就會盡心盡責地去完成任務。傑克·韋爾奇說過：「管得越少，成效越好。」

作為管理者，為了企業更好地發展，必須敢於放權，這樣不僅分擔了管理者的工作，還會培養出更多的人才為公司服務。

任人之道，要在不疑，寧可艱於擇人，不可輕任而不信。善於用人的管理者，絕不會輕易地懷疑自己的部屬，而是充分信任部屬，這樣也會得到部屬的信任和感激。信任的力量是無限的，主管的信任才是贏得部屬真心的關鍵因素。

「企業管理者的首要任務是一手抓種子，一手拿化肥和水，讓種子成長。讓你的公司發展，讓你身邊的人不斷地進步和創新，而不是控制他們。」所以在管理中，要學會放權，將權力授予信任的人，讓他們不斷地學習和進步，從而實現雙贏，共同實現企業高效和快速發展。

重點整理

合理的授權，除了讓自己有時間去做更重要的事情，還可以提高部屬的工作能力，在贏得部屬信任感的同時，也為企業的長遠發展奠定基礎。

06

「設計」會議，在合適的時間召開必要的會議

一個成功的會議，往往會使工作效率得到提升，問題得到解決。

某公司召開銷售月會，會議分段進行，加上討論和思考時間，會議整整進行了兩天。會議討論的內容有的已經在晨會上分析過了，月會上又被重新提出來討論。會議主持人對現場失去控制，與會人員的爭吵聲、說話聲此起彼落，不絕於耳。一些與會人員為了報告而報告，枯燥地誦讀自己整理的資料，很多人不知道這些資料有何用處。由於會議時間持續較長，很多人在會場上打起瞌睡，有的玩起手機。會議場面一片混亂。

在工作中，開會是無法避免的。通常會議會有主持人、與會者和議題等。開會之前

要弄清楚會議要解決什麼問題，圍繞著開會的目的做好準備工作，使會議取得成效。切忌開沒有準備的會議、沒有目的的會議，或者是的不明確的會議。

在一些重要會議上，一定要把大事與小事分開討論，不能西瓜、芝麻一起抓，分不清重點。上述案例的銷售月會，就凸顯了會議目的不明確、會議時間過長的弊病，甚至有些不適宜搬上會議的問題也在會上討論，占用很多時間，而且沒有效果。

身為主管，需要主持各種各樣的會議。會議要盡可能簡、短、少：布置簡單，規模小；說短話，開短會；開會次數盡量少，可有可無的會議不開，無明確目的、無十分必要的會議不開。一個成功的會議，往往會使工作效率得到提升，問題得到解決。

每次會議都會有相應的成本，為了保證會議品質、達到會議目的，召開會議應該遵循以下幾個原則：

第一，創造價值。會議是需要耗費時間和金錢的，因此要執行有效管理，取得相應的價值回報。倘若一個會議，沒有達到會議召開的目的，顯然也不會創造價值。

第二，準時到場。所有與會人員都要守時，最好提前兩、三分鐘到達，以免自己遲到進入會場時影響他人。

第三，會議主題集中。在討論問題和提出建議時，一定要切中主題，切忌「滔滔不絕，離題萬里」地長篇大論，要在節約時間的同時，使他人聽明白自己的重點。

第四，公開問題，公正檢討。將工作中出現的問題，大大方方地說出來，讓更多人知道錯誤，才可以更好地防範。「對事不對人」地分析問題，檢討事情所代表的傾向。

身為一名會議主持人，一定要懂得「設計」會議，才可達到事半功倍的效果。在麥肯錫，所謂設計，指的就是「在合適的時間，召開合適的會議」。通常，我們可以簡單地將會議分成四種：一是報告；二是評估（工作進展情況、人事考察等）；三是為了尋找工作靈感；四是為了提高團隊的凝聚力。

如果要選擇開會，一定要思考清楚是要召開哪種類型的會議。如果只是報告，可以選擇電子郵件，也可以把報告放在評估和研討會上。很多企業不太注重召開提高團隊凝聚力的會議，認為審視工作和研討類型的會議才是解決工作難題、提高工作效率的辦法，但實際上，提高團隊凝聚力的會議非常重要，而且對於提高工作效率也有極大的幫助。

麥肯錫就做得非常好，他們公司內部有歡迎會、專案經理主辦的家庭派對，甚至有些客戶會舉辦一些酒會或者晚宴等，主管就會利用這樣的機會來加強團隊建設，提高團隊的凝聚力。

召開提高團隊凝聚力的會議時，要重申團隊的共同目標，使得新員工知道自己的工作方向，老員工明確自己離目標還有多遠。一般情況下，此類會議適宜在公司內部進行，但有時為了改變氣氛，也可能會選擇風景好的地方、環境優雅的餐廳之類的地方進行。

過程和內容是組成會議的重要部分。過程一般指的是除會議內容以外的所有部分，包括時間、地點、與會人員、材料準備、會議進程等。而內容就是會議的本身，即會議討論的內容。每一個成功的會議，過程和內容都不容忽視。

試想一下，在一個舒適的環境中，參加會議的人都帶著積極的心態，會場氛圍很融洽，進行自然會順利，在這種氛圍裡討論出的結果，肯定要比在混亂的會議氛圍中好很多。因此，過程對會議來說至關重要。研究證明，有很多優秀的創意都是在容易激發靈感的氛圍中產生的。

會議最好是圓桌型的，這樣可以讓大家都處在一個平等的位置上，每個人都得到同等的尊重，更容易發揮自己的見解。倘若是為了提高團隊凝聚力的會議，可以不放桌子，大家坐在椅子上圍成一圈，更容易引起參與者心理上的共鳴，可以敞開心扉地探討問題。

在合適的時間，召開必要的會議，這就要求主管一定要懂得觀察和把握召開會議技巧。什麼是合適的時間呢？例如上午八～九點，員工剛從家來到公司，心緒尚亂，還需要一段時間進入工作，這時候召開會議討論問題，員工的積極性不高。上午的十～十二點和下午的一～三點，員工已經進入工作狀態，適於調動大家集思廣益，想一些好點子。下午三點之後，員工的一天工作進入疲倦期，很期待下班回家，因此這時候安排會議，也不容易調動員工的積極性。

重點整理

成功的會議在於精心「設計」，在適當的時間召開必要的會議。明確會議目的，把握好會議過程，不浪費時間，適當地引起參與者的共鳴，讓會議變得有趣，同時達到管理的目的。

07 明確會議的「目的」與「目標狀態」

開會切記不可離題太遠。

在一次「如何與客戶維持好關係」的討論會議中，業務員小李表現得很積極。他最近找到了好幾個「目標客戶」，平時也會發訊息、打電話和客戶保持聯繫，甚至還登門拜訪過一、兩位客戶。可是「目標客戶」並沒有下定決心做小李推薦的業務，有的甚至不願接他的電話，這讓努力討好客戶的小李苦惱不已，不知如何是好。

待業務經理說完，小李便第一個主動發言，向大家說出他的苦惱。在說完自己當前面臨的「困境」後，小李並沒有停下來，反而繼續講述了個別客戶的喜好和品格有問題的幾件事。很多業務聽得不亦樂乎，偶爾還隨聲附和，都沒有打斷小李講話的意思。於是，小李滔滔不絕地講了半個多小時。最後，會議持續了一個多小時才結束，但會議結束後，小李依然不知道該如何去維護客戶關係。

在會議中，我們經常碰到類似的現象，知道開會時間，不知道結束時間。會議持續了很久，大家討論得熱鬧非凡，只是到最後仍然沒有找到解決問題的方法。本來是要在會議上決定某一方案計畫的，可是討論的最終結果無法確定。

案例中的小李，在提出問題之後，偏離了會議目的，長篇大論地講述與會議目的無關的事情，實際上浪費了很多寶貴的時間。會議結束後，會議上提出的問題卻依然找不到解決方法，那麼這次會議無疑是失敗的。

通常，在企業中定期開會的情況比較常見，每天、每週或者每月固定某一時間開會，發現問題、解決問題、總結經驗等。定期開會，可以讓員工有充足的時間提前做好準備，記錄下自己的問題或者好的建議，在例會上全盤托出，與大家分享。

然而，定期開會的弊端也顯而易見。定期開會，常常導致沒有極沒重要性的事情也要按照慣例開會，容易引起員工的負面情緒，認為沒有必要每週開會或者頻繁開會。這樣不顧實際情況定期開會，漸漸地會流於形式，毫無價值的會議卻成為大家「工作」的一部分，使大家變得麻木。

華夏企業協會為了提高企業知名度，舉辦了「華夏公司融資操作研討會」，邀請國內一批頂尖的經濟學家、管理學者到場發表演說。各大媒體聽到這個消息後，都紛紛趕到會場。這次會議是由祕書小林負責宣傳。由於對會議狀況評估不足，當許多記者向她索取新聞稿、宣傳資料、專家講座大綱時，小林竟無法滿足對方的要求。之後，協會主辦人向她詢問各大媒體對會議的報導情況時，他也沒有做好簡報與各種資料搜集，無法提供給主辦人適用的資訊。

身為會議參加者的小林顯然沒有盡到自己的職責，在會議前沒有清楚會議「目的」，也沒有做好宣傳資料、專家講座大綱等材料的準備工作。在會議中，沒有保持「目標狀態」，做好記錄和整理報導的工作。像這種情況就會影響會議的品質。

主持人一般在會議開始前需要告知參加者三項內容：一、會議目的；二、目標狀態（會議想要實現的目標以及狀態）；三、參加會議的原因。倘若參加會議的人中，大多數是老員工，那麼只要說明前兩點就行，如果有新員工或者團隊中共事時間不長的人參加會議，需要告知他參加會議的原因。

失敗的會議往往是會議開始後還沒有找到會議目標，甚至還需要向參加者詢問目標狀態。因此，開會之前應大致說出期待的目標，調動大家開會的積極性。會議開始後，主持人要保證參加者的會上發言不要偏離會議的目的。有時難免會有參加者由於自身原因或者情緒激動而偏離會議本來的目的，主持人要在發言者偏離會議目的時做出提醒。

在麥肯錫，解決發言內容偏離目標的方法也很簡單，就是在會議室的白板上明確地寫下會議的目的和目標狀態。例如：

目的：解決客户問題。

目標狀態：解決辦法，由誰負責，在什麼期限内完成。

身為會議的主持人，要時刻明確會議的目標，注意正在進行的會議討論是否偏離了目標。一旦發現討論離題，就提示大家看白板，強調「此次會議的目的是什麼」，把參加者的意識拉回「目的」上。

一個成功的會議，離不開善於主持的會議主持人和積極的會議參加者。我們不能單從參加者在會議上的討論來看他們對會議的貢獻度，而是要觀察他們對會議的順利進行和氣氛有沒有貢獻。

清理會場垃圾、擦桌子、檢查設備等，這些細節對會議的進行有幫助。事先準備好茶水、提前到達會場，這些都是對會議做出貢獻的表現。倘若每個參加者都會思考「自己能做什麼」並認真準備，就算對會議沒有貢獻，這也是值得給予高度評價的。因為這樣的人不斷努力提升自己，最終也會做出巨大貢獻。

重點整理

一個好的會議，需要主持人和參加者雙方的共同努力。不管是主持人還是參加者，都要明確會議目標和目標狀態，偏離目標太遠的會議，只是浪費大家的時間，不能取得成效。

08

會議中可以有適度的閒聊

工作中的偶然閒聊，可能會帶來意外的收穫。

劉華是一個不善於表達的人，性格內向，平時和同事交流還可以，但是在會議上當著很多人的面講話就會結結巴巴的，有時甚至緊張到說不出話來。週一的例會上，輪到劉華報告上一週的工作狀況以及當週的工作計畫。可是沒講幾句話，他就停了下來，臉漲得通紅，任憑旁邊的同事怎麼小聲加油打氣都沒用。

這時，總經理突然笑著問道：「最近的高考成績出來了吧？你家孩子成績怎麼樣啊？」聽到有人問自己孩子的高考成績，劉華臉上掛滿了笑容。因為今年孩子高考超常發揮，高出高標十幾分呢。於是劉華緊繃的神經一下子放鬆下來，高興地回答道：「嗯，我家孩子考上了不錯的大學，我很驕傲。」總經理聽完笑了，對大家說：「大家為小劉的孩子考上理想大學鼓鼓掌吧，表示一下祝賀！」於是一陣熱烈的掌聲響了起來。劉華在掌聲過後，心情放鬆許多，順利地完成了報告。

在工作中，偶然的閒聊可能會給自己帶來意外的收穫。在會議中，閒聊可以活絡現場氛圍，和員工產生共鳴，使會議變得有趣。當然，會議品質高、時間短、有明確目標是好的，但是倘若整個會議下來只有乾巴巴的問題討論、工作進程的彙報、解決問題的方案，這樣的會議恐怕會讓人覺得機械化。

每個人都渴望自己的工作是輕鬆的，在「閒聊」中就把業績做出來。會議也是一樣，參加者都希望在會議中解決自己的困惑，還能夠輕鬆愉快地度過會議時間。除了營造氛圍外，在公司的內部會議上，主持人應當對會議參加者表示認可。

在麥肯錫，主管是非常注意提高團隊凝聚力的，要做到這一點，很重要的就是認可部屬。在會議中，也要認可參加者。最好是讓參加者彼此互相認可。倘若每個參加者有幾分鐘的時間在會議中和其他人閒聊幾句，相互稱讚一下對方，會拉近彼此的距離。這看似浪費會議時間的舉動，會產生良好的團結作用。從長遠來看，一個團隊的凝聚力提升了，工作效率和業績自然會提高。

上課的時候，老師會適當地「閒聊」幾句，導入本來的主題，讓我們覺得順其自然又記憶深刻。會議開始時，主持會議的主管適當地拿出十分鐘時間詢問大家「最近工作進展得如何」，然後讓參加者各自發表意見，報告自己的工作近況，看起來好像是浪費時間的事，卻能鼓舞眾人士氣，使大家放鬆心情，更容易在接下來的討論中暢所欲言。

在一次客戶感謝會上，有不少客戶是冒雨前來的。由於天氣不好，許多重要客戶沒有準時到達，打電話詢問時都說在路上了。為此，會議只好推遲了半小時。這時早到的客戶開始埋怨起來，「定好的時間怎麼說延後就延後啊」、「我們也是冒雨來的，為什麼還要等啊」、「真不講誠信」之類的抱怨聲此起彼落。後來，會議主持人看場面氣氛不對，便提議說：「很抱歉讓大家久等了。雖然今天天氣不好，但我看大家都熱情滿滿，絲毫沒有被天氣左右心情，真是太好了。接下來大家輪流討論一下天氣和心情的關係如何？」很多人聽完這個提議後，覺得乾坐著也是等，還不如參與這個小互動。於是大家不再抱怨久等，反而七嘴八舌地討論起天氣和心情。

有時候，會議主持人適當地結合實際情況，用閒聊的方式應對突發狀況，轉移大家注意力，是十分必要的。在會議正式開始之前，可以透過「check in」的方法來調節氣氛。「最近工作進度如何？」、「今天天氣看起來不錯啊！」、「你們有晨跑的習慣嗎？」……這些話題很簡單，可以是工作上的，也可以是生活上的，可以說說你心裡的想法，和大家分享一下自己的感悟、所見所聞等。

在會議開始前，適當地詢問一下「個人情況」，有助於提高討論的集中度。透過互相交流，可以創造一個「安全的場所」，營造一個使大家更容易進行交流和討論的氛圍。作為傾聽的人，不必為對方的說話內容積極思考解決辦法，或者提出意見和建議，只需適當地點頭回應就可以了。許多事情，我們需要的只是一個傾聽者，而不是引導者。一個人把自己的情緒說出來後會讓自己輕鬆很多。

在會議結束的時候，我們還可以適當地做出總結。參加者在會議中積極進行了思考、討論，在總結環節表達出的觀點是有力度的。另外，可以讓大家談談自己對本次會議的感受，或者評論這次會議的不足，說說下次應該如何努力等等。

一場優質的會議，是在解決問題的過程中，讓大家始終保持著輕鬆愉快的心情，而不是緊張兮兮地受訓或報告。因此，讓大家在會議開始時適當地閒聊，可以活躍氣氛；在會議結束前，適當地閒聊，可以總結經驗、昇華主題。

不要以為所有的會議都是呆板、機械式的流水作業。身為主管，我們可以使會議變得更加輕鬆和高效。

重點整理

在會議中，優質的閒聊可以提高會議的品質。在閒聊中，我們要認可對方，創造安全的環境，使參加者自然而然地進入會議目的和目標狀態。閒聊不是浪費時間，而是為提高會議效果做「熱身」。

09 讓資訊「流動」起來

讓資訊在團隊裡流動起來，最重要的就是做好內部資訊的溝通。

丁墨升職做了小組長，非常感謝部門經理的提拔，於是很想好好表現，回報公司。小組雖然只有他和另外兩位同事，但是在丁墨的努力下，這個小組的默契絕佳、業績斐然，三個月就達到了原來業務量的兩倍。業務增多讓經理很高興，但是也給丁墨和同事們帶來很多壓力，大家累得喘不過氣來。

可是丁墨並沒有將這個狀況傳達給部門經理，而是苦撐了兩個月後，開始私下裡抱怨經理。「他怎麼都看不到我們的辛苦啊，不斷把業務丟過來，有時甚至不但不誇讚，還挑剔我們做得不完美。」

有一天，經理找丁墨談話，問到了公司近期的銷量問題。丁墨便向經理說出了自己的思路，先從小客戶入手，因為爭奪大客戶的競爭太激烈了。可以先瞄準小客戶，再慢慢向大客戶滲透。經理一聽，心裡便有些不悅了，說：「我們的銷售目標是什麼啊？」丁墨說：「一年後，我們公司的產品市場占有率要達到12%。」說到這裡，他被經理打斷了：「那就應該把精力放在開發大客戶上啊！」

這下子，丁墨爆發了：「我們人手本來就不多，如果開發大客戶需要更多的人，我都快撐不下去了！」經理一聽，便開始責備他說：「你為什麼不早點說？我一直等你多跟我要幾個人呢，你一直沒說，我還以為你們能力強，可以勝任超額工作。」

在職場中，主動彙報自己的工作進度，讓主管知道自己的工作狀態是一件很重要的事。丁墨之所以承受業務壓力和超額工作的勞累，關鍵在於他沒有及時向主管彙報自己的真實工作情況，沒有讓資訊有效流通。及時向主管彙報，和主管建立良好的互信關係，接受主管的指導，才能使自己盡善盡美地完成工作。

在麥肯錫工作法中有一個概念叫作「蘑菇種植法」，這是一種差勁的專案管理方法。它的主旨是：「在黑暗的環境下不斷地施肥。」這樣會發生什麼情況呢？無論你在何處施肥，「蘑菇」都不能生長。

也就是說，在資訊不暢通的情況下，團隊成員始終不知道專案的進程，也始終沒有感覺自己所做的事對客戶或團隊是有價值的。換個思維我們同樣可以看到，「蘑菇法」是雙向的，也可能是主管受到「矇騙」，被蒙在鼓裡，不知道團隊的真實想法，感覺自己活在真空裡。因此，要想使團隊有效率，就一定要保持資訊的暢通。

即使再忠誠的員工，也會向你隱瞞一些重要的訊息。倘若你沒有為這個團隊建立一個暢通的溝通管道，你將會被蒙在鼓裡，變得「又聾又盲」，不了解自己的部屬在做什麼，不清楚他的能力究竟有多強。久而久之，要如何去實現團隊的共同目標？

麥肯錫的每個專案都必須讓團隊至少知道框架，一些重大的專案團隊需要了解得更多。讓整個團隊都在「消息圈」內，並讓團隊裡的每個人都知道自己工作的目標是什麼、有什麼意義。他們可以得到最新、最有效的資訊，也會及時給予回饋，使你對事態的發展、工作的進展有更正確的判斷。相反，如果團隊裡的成員都覺得自己是孤立的，沒有共同的目標，被集體疏離，團隊的士氣必然受挫，工作開展也會有困難。

對於你的主管，不要以為將他蒙在鼓裡他就不會干預你的工作了。在事情脫離他控制的時候，他必然會採取一些措施，甚至有些是不利於當前工作的。可是你的主管不了解團隊工作的進展，難免會做出錯誤的決策。一旦錯誤的決策被執行，追究起來，還是會怪罪到團隊沒有及時彙報工作情況。

如何讓資訊在團隊裡流動起來？最重要的就是做好內部資訊的溝通。

內部資訊溝通的基本方法有兩種：一是傳遞資訊，二是會議溝通。傳遞資訊最常見的方式就是發電子郵件、使用語音信箱、貼便箋、發通知或寫備忘錄等，以方便快捷為主。而會議溝通方式需要占用大家的時間，且通常有固定的場所。

在透過電子郵件、語音信箱等傳遞資訊時，需要注意三個關鍵因素。

第一，簡潔。在我們透過備忘錄、便箋紙等來傳遞資訊的時候，一定要做到簡潔。不只是因為篇幅有限，還要把最重要的資訊一目了然地呈現給對方。發語音信箱的時候，更是需要你表達出重點。有很多麥肯錫人在給自己的專案經理或者客戶發語音信箱前，都會把想說的先打草稿寫下來。

第二，全面。接收資訊的人在看到你的資訊後，需要了解是哪件事、有什麼問題，而不是留下懸念。例如你可以告訴你的主管，你在做A、B和C，你有什麼問題需要主管的說明。

第三，系統化。如果想讓別人明白你的資訊，你就得讓你的資訊系統化。即使只是三十秒的語音資訊，清晰的結構也會讓你的表達更清楚。

會議是使資訊充分流動的最佳方式。在召開會議的時候，主持人會提醒出席會議的成員，大家都是團隊中的一員，要朝著一個共同的目標努力。蘇珊娜．托思尼在擔任麥肯錫專案經理時曾認為，會議的關鍵就是確保團隊中的每個人都參與。在會議上，大家可以討論問題，提出自己的建議和看法，讓每個人的想法都展現出來。會議可以把團隊中的所有成員，連同專案經理緊密地聯繫在一起。

蘇珊娜認為，成功的會議還有兩個關鍵因素：會議議程和領導人。在會議議程上，要保證討論的重點專案明確，讓參加會議的團隊成員了解到重要的事件、觀點和問題。

如果有些問題在會議上不能解決，需要擱置、另行安排，就要暫時放下，不要在會議上占用大家時間做白工。假如你是會議的領導人，一定要保證會議的各項討論盡量簡明扼要。可以頻繁開會，但是每次會議不要過分冗長，或是開沒有必要的會議。

在麥肯錫，還有一種獨特的內部溝通方式——「走來走去學習法」（learning by walking around）。有很多有價值的談話都是在偶遇中發生的，在走廊裡、在電梯中、在喝咖啡的時候、在吃飯的路上等。工作之餘的閒聊也會讓你有所收穫。因此，不要低估不經意的談話，很有可能解決問題的辦法就在無意中被你找到了。

團隊的良好溝通可以讓大家工作起來更有熱情，使整個團隊保持高昂的士氣，提高工作效率，當然也會讓你的主管保持心情平靜。

重點整理

資訊對團隊的重要性就如同汽油對汽車引擎的重要性，沒有了汽油，車就會熄火。而流動的資訊，使得團隊溝通暢通無阻，對保持團隊士氣、提高工作效率十分有利。

身為主管，在資訊流動的情況下，可以清楚地了解部屬的工作效率和進度，不用擔心變得「又聾又盲」。

第六章

抓住客戶心理，讓客戶感到滿意

01

靈活運用多種溝通方式

在順暢通話的基礎上，你才能夠了解對方的真實意圖。

小李是某保險公司的老員工，有很多老客戶。由於和客戶相處融洽，他和某些老客戶關係變得越來越好，私下成為好友。老客戶不但自己會支持小李的業務，還經常向親戚朋友介紹小李公司的生意。因此，小李每年都會透過老客戶結識一些新客戶。

隨著客戶數量增加，小李的溝通工作任務量也越來越重。他和老客戶關係很好，經常打電話問候或是告知其一些新業務政策，老客戶也習慣了，不管什麼時候接到小李的電話都很高興。然而，當小李打電話給新客戶，告知公司裡最新的優惠活動時，新客戶卻很反感，常常找藉口掛掉電話，甚至一看是小李的電話號碼就直接掛斷。因此，留下來長期合作的新客戶少之又少。

後來，在公司一次維持客戶關係分享會上，有經驗的同事介紹說他經常發郵件通知客戶消息，並提醒客戶看到郵件後及時回覆，這樣既告知了客戶，又不會打擾到客戶。小李聽完這個分享後，覺得寄郵件這個溝通方式還不錯，於是便決定試試。在接下來的一個月中，小李開始用郵件通知和問候客戶。效果明顯提高了，收到了很多新客戶的郵件回覆。

一次，小李在路上碰到了老客戶王叔，王叔見面就著急地問他說：「小李啊，你們公司是不是出什麼問題了呀，你還在那裡上班吧？怎麼好久沒有接到你的電話了呢？」

小李聽到王叔叔的問話，趕緊解釋說：「不好意思，王叔叔，我們公司沒事，我最近是在用郵件告知您我們公司的最新消息，您沒收到嗎？」王叔叔愣了一下說：「我都不會上網，哪會看什麼郵件啊！」

小李頓時醒悟，原來老客戶中老人較多，還是打電話聯繫比較好，新客戶多是較為年輕的上班族，寄信比較受歡迎。

在商業活動中，我們傳遞資訊的方式主要有三種：面談、電話和郵件。在工作中，只有恰到好處地靈活運用這三種方式，才可以提高工作效率。故事中的小李一開始用維護老客戶關係的打電話方式來維持新客戶關係，結果讓很多新客戶溜走了。向同事「取經」後，又開始採用寄信的方式聯繫新老客戶，結果使得老客戶產生了「公司倒閉」的猜疑。可見每種方法各有優缺點，最重要的是根據客戶的習慣來判斷要用哪種交流方式。

每個人的習慣不一樣，喜歡的溝通方式也不同。有的客戶不善言談，面談的時候可能表達不完美。因此，你一個人侃侃而談的時候，他可能只是傾聽，對你所說那些無關緊要的事情可能會點頭認同，但對於關鍵點可能會保持沉默，或是說自己不感興趣，讓面談陷入僵局。如果是第一次面談，或許會讓客戶對你產生反感。倘若換成郵件溝通的話可能會好很多。客戶有充分的思考時間，能夠了解公司資訊和產品，這樣就能避免面談陷入僵局的尷尬。

但是，負面的問題一定要面談，不可以用郵件或者電話通知。只有面對面，對方才能感受到你的態度。比如客戶使用你公司的產品後，保固期內出現問題，你一定要代表公司當面致歉。一些事態緊急的情況也要面談，如當面通知來不及，可以使用電話。而郵件就無法表達出緊迫感。

現在的年輕人習慣用郵件和別人聯絡，而一些老員工卻常用電話和客戶溝通。可是，不管是缺乏經驗的新人，還是工作多年的老員工，有很多人都不清楚「電話的正確用法」。

現在郵件聯絡越來越普遍，加上社交軟體的普及，用電話來溝通彷彿變成了一種「奢侈」。電話溝通需要占用雙方時間，而且倘若對方不方便接電話就會變成「打擾」或「拒絕」。當客戶看到你的來電時，會以為「特別打電話來，是因為發生了什麼重要的事情」。在適宜用郵件表達的時候，不要選擇打電話。

但這並不意味著郵件溝通就比電話溝通有優勢。如果你在工作中，無論什麼事情都用郵件聯絡，有時會造成誤會。針對客戶提出的一些困惑，你知道怎麼解答，可是只因為你發的郵件表達得不是很清楚，客戶便可能放棄和你們合作的機會。如果你在郵件寄出後，打電話解釋一下，或許結果就是合作達成。

當遇到比較緊急和重要的問題時，打電話更容易知道對方對此事的態度以及商議解決的辦法。

另外，一些習慣打電話的老員工，即使遇到不太緊急的情況，也會打電話過去。試想一下，當你正在集中精力做某件事，突然一通電話來了，你肯定會有被打擾的感覺。打電話的人可能立刻達到了自己的目的，而接電話的人卻可能會不舒服，覺得種事根本沒必要打電話過來，這就可能給對方造成困擾。所以，打電話之前，一定要認真思考「這件事有必要打電話嗎」。

選擇越多可能越容易出現「選擇障礙」。如果不知道是該打電話還是該寄信，或事情不是很緊急，但你覺得很重要，想打電話告知時，可以事先發個郵件，以「我有點事，可以和你電話討論嗎？」來詢問對方。

告知對方你要打電話、大概需要的時間，可以讓對方提前有個準備。

或者對方此刻不方便接聽電話，也會回你「現在不方便，半小時後再打給你」等重新預約時間。

在打電話時，盡可能要言辭懇切，不要著急，講清楚自己打電話的目的。另外，要始終保持微笑狀態。雖然不是面對面，但是微笑著講話，聲音傳遞出的愉快感覺，可以感染對方，讓通話保持最佳質感。在順暢通話的基礎上，你才能夠了解對方的真實意圖。

和客戶溝通，一定要選擇客戶喜歡的方式，否則只會讓客戶疏遠你。所以無論是面談、電話還是郵件，一定要靈活運用，並在合適的時機選擇恰當的溝通方式。

重點整理

無論採用何種溝通方式，都需要恰到好處地使用。電話、郵件和面談組合使用，才可以發現對方的真實意圖。沒有誰願意自己被打擾或陷入尷尬的境地，因此，一定要尊重客戶的習慣，用他樂於接受的方式去溝通。

〔02〕

尋找共同點，拉近彼此距離

在合適的時機跟潛在客戶遞上自己的「心理名片」，即可與客戶拉近距離。

韓琴是某保健品品牌的推銷員。她的工作方法和其他同事都不一樣，很多同事都選擇在街上、商場門口等人員流動比較多的地方遞名片和發傳單。夏天頂著火辣辣的太陽，滿頭大汗，冬天時又凍得手腳通紅。碰上感興趣的路人，還得跑過去介紹一番，有的同事一整天都在說話，口乾舌燥，有時嗓子都喊啞了。可是，韓琴卻從不這樣發名片。然而，她的業績卻總是保持在團隊第一名。

她是怎麼做到的？

每天傍晚的時候，韓琴都會去小公園坐一會兒，她喜歡拿本雜誌，不慌不忙地翻閱。對她來說，任何人都有可能成為自己的客戶。重要的不是到處去尋找客戶，而是在合適的時機跟潛在客戶遞上自己的「心理名片」，拉近和客戶的距離。

有一對母女走過來，女兒小腹隆起，顯然是懷孕了。女兒小心翼翼地走在前面，母親慢慢跟在後面。韓琴禮貌地向她們笑笑。看到這位孕婦要在自己旁邊的椅子上坐下來，韓琴立刻說：「小姐您等一等！椅子有點冰，我的雜誌看完了，先給你墊在下面。現在不注意保暖，以後不舒服的時候就遲了。」這時孕婦和她的母親都連連道謝。

韓琴便借機又和她們閒聊了幾句，從懷孕和生產後的注意事項，聊到產後身體恢復，又講到懷孕的人應該注意增加營養。後來，韓琴提到孕婦還是應該吃保健品來增加營養時，順便拿出自己的名片和產品型錄，便成功把產品推銷給這位孕婦了。

在和客戶交流時，要善於捕捉對方的資訊，找出對方感興趣的話題，進行自然的交流，拉近彼此的關係。案例中的推銷員韓琴就是在捕捉到對方懷孕這個資訊後，透過一件體貼對方的小事來給對方留下好印象，再抓住時機和對方閒聊，站在對方的角度考慮，道出對方需要吃保健品增加營養，從而順利地完成交易。從始至終，她和孕婦的交流都是讓人舒暢的。

我們在和陌生人交流的時候，一定要尋找合適的契機。沒有契機直接上前搭訕，會讓人產生防備心理，即使產品是對方所需求的，也會斷然拒絕。在和客戶打交道的時候，一定要了解對方的真實意圖，才可能達到自己的目的。

工作效率低或是沒有業績的人，往往不善於和別人溝通，或是溝通之後沒有了解到對方的真實意圖。兩人還是在各自的關注點上，距離很遠。雙方沒有在同一個「頻率」上，當然不會達成一致的看法。反之，工作效率高的人，在和客戶溝通後，能夠很快拉近和對方的距離。了解客戶的興趣愛好，將其應用在工作中，可以達到使對方滿意的成果。

在商業活動中，大家第一次見面時會交換名片並做簡單的自我介紹。這是尋找「共同點」的第一步。透過對方的介紹、說話的語氣，來判斷對方應該是個怎樣的人。很多人有過這樣的經歷，初看上去覺得這個人好像很難相處的樣子，可是一聽他開口說話，才知道原來是很可親的一個人。相處久了，發現對初次見面時的情景依舊記憶猶新。初次的自我介紹和認識是我們拉近彼此關係、尋找共同點的一個最佳契機。

簡單地介紹自己，給對方提供一個可以從中找出共同點的機會。所謂共同點，不一定是完全符合，比如你喜歡演講並在比賽中獲得了二等獎，不是說對方也要有類似經歷才算是共同點。只要對方對演講感興趣或者不排斥就是共同點。你的年齡、出生地、學歷、學校、專業、工作之餘都做些什麼，還有喜歡的電視節目、體育、音樂等都可以成為你們的共同點。

因此，你可以介紹自己的各個面向。當然盡可能用簡短的語言，關鍵還是要多聽對方說。

在列車上，鄰座的兩個人最容易拉近彼此關係的共同點就是「同鄉」，或是目的地一樣。當一個人很友好地介紹自己，說自己是哪裡人，要去哪裡。如果碰巧和對方一樣，對方會很高興地說：「啊，我也是！」接下來的話題會越來越多，談話也會投機許多。

互換名片的時候，切忌長篇大論地介紹自己的興趣和經歷，這樣容易給對方造成困擾。如果對方看到你的名片，有不清楚的地方或想要更深入了解你的話，會主動問你的。這時候你再詳細回答，會顯得恰到好處。

麥肯錫推薦的做法是，將自我介紹、工作經歷、興趣愛好等總結在一張紙上，做成一份「個人簡介」交給對方，也可以印在名片的背面。簡介的寫法沒有特別的規範格式，主要是將內容控制在一頁紙以內，便於閱讀。A4紙張大小或者明信片大小都可以。如果對方是老年人的話，字體可以稍微大一些。內容也不要過於死板，可以簡單介紹工作經歷、興趣愛好，甚至是自己的座右銘、喜歡的偶像等。個人簡介主要是可以彰顯你的個人魅力，引起對方注意，對你留下好的印象。

工作中有很多年輕人不懂得或者不善於推銷自己，總覺得謙虛才是美德，低調才有深度。其實，不過分虛誇自己，照實地表達自己是相當必要的。也許你的工作成績普通，可是你曾經學過吉他，可以彈唱很多歌曲。當你把自己的特長展現出來時，會讓你的工作和人際關係加分。

在你的簡介中可以把你的特長標注出來，讓對方更全面認識你，這比僅僅知道你是一個兢兢業業的年輕人更能拉近距離。

初次見面打招呼時，遞上你的簡介，告訴對方說「我準備了一份個人簡介，您有時間可以了解一下」。對方可能有些拘謹，出於禮貌不可能當場看完，但至少會掃一眼。

「啊，你會彈吉他啊？我也很喜歡樂器，改天一起切磋一下」、「你喜歡看書啊？都喜歡看誰的作品啊？我正在看……」

像這樣，對方會主動說出你們之間的共同點。那麼下次再見面就可以針對樂器、好看的書來討論了。或許還可以根據你們的共同愛好送對方一個小禮物，一定會讓你們的關係親近許多。

有一個優秀的業務員曾和新員工分享經驗：「和客戶交流就像是在爬樓梯。可能你們的目標都是十樓，可是當你處在一樓時，客戶在三樓，怎麼共同進步呢？這時候，要麼你努力爬上三樓，要麼你說服客戶下到一樓。只有處於同一個樓層上才可以共同進步。這「同一個樓層」指的就是共同點。

重點整理

找到共同點，拉近彼此的距離，才能更容易取得想要的成果。

和客戶溝通時，要想拉近彼此的距離，最好的辦法就是在自我介紹時找到共同點。共同點可以消除雙方的隔閡，達到同一水準上的交流。初次見面時，可以給對方提示，誘導對方挖掘你們的共同點。

03 製造「場所」，讓對方說出心裡話

只有傾聽才能夠做出回答，不傾聽的話就無法提出自己的意見。

小賈的公司是做理財規畫的。劉先生是小賈的一位重量級客戶，在公司開業兩年多的時間裡，劉先生先後投資一百多萬。他不喜歡和人打交道，愛聽廣播、到公園裡下象棋。平時小賈和劉先生聯繫不多，但劉先生相信小賈的為人，因此才一直在他們公司做理財諮詢。公司裡有什麼紀念品，小賈也總是記得給劉先生留一份。

有一天，劉先生到公司找到小賈，說自己要撤出一百多萬元的投資。小賈不理解，連忙問發生什麼事情了。劉先生謊稱自己女兒要買房子，自己幫忙出點錢。可是小賈知

道，這肯定不是真實原因。因為前不久，劉先生還說要叫女兒也來諮詢理財。

於是，小賈便告知劉先生說，因為合約還沒到期，要提前撤資需要向總經理申請，大概需要三個工作日。小賈讓他先坐一下，自己去為他提交申請單。回來後，小賈告知他總經理已經批了，三天後可以取走現金。

劉先生聽到這裡，心才放下來，和小賈聊起了家常，說自己生怕錢要不回來了，收益可以沒有，本金還在就行。說著說著，便對小賈講起前天在廣播裡聽到，某個理財公司的老闆跑了，騙了一堆人的錢。新聞還提醒廣大市民不要相信什麼理財投資，無風險、高回報，都是騙人的……這時，小賈聽出了劉先生要撤資的真實原因。後來，小賈將該情況告訴了總經理。總經理出面和劉先生深入探討了公司的安全運營問題，終於讓劉先生打消了疑慮，同意繼續透過小賈的公司理財。

當客戶產生顧慮，又不方便明說的時候，切記不要著急詢問原因。案例中的小賈在得知客戶劉先生撤資時，並沒有直接勸說劉先生繼續業務委託，而是答應他提前撤走資金。之後，在和劉先生聊天中才發現撤資的「元兇」是一條理專的負面新聞報導。小賈透過聊天，讓劉先生不經意間說出了心裡話，並請經理出面挽留住了客戶，實在是值得稱讚的做法。

麥肯錫的經營顧問們在探尋客戶的真實意圖上，最常用的方法就是傾聽。**所謂傾聽，就是先把自己的主張和意願放在一邊，專心去聽別人說話**。傾聽是尊重對方的表現，也需要克服以自我為中心。

當對方聽完你的自我介紹後開始說話時，要專心地去傾聽，了解對方有什麼需求。在聽的過程中思考「此人真正的意圖是什麼」。不要隨意打斷別人的話，等他說完之後再開口。

我們平時習慣了和別人你一言我一語的穿插式交流，很難做到去傾聽一個人。當學會傾聽別人後，才能知道對方真正的需求。要時刻謹記一點：只有傾聽才能夠做出回答，不傾聽的話就無法提出自己的意見。

在傾聽客戶之前，你可以準備一張採訪表，在上面寫下你想詢問對方或者向對方確認的內容。做任何事情，都要有充分的準備，才能取得滿意的成果。在傾聽的過程中，也可以隨時記下關鍵點。為了找到問題核心，你可以先做出假設，然後在向對方提問的過程中搜集更多資訊。

比如客戶告訴你說：「最近員工的士氣低落，工作積極性不高。該怎麼辦？」這時候，你要詢問幾個可能引起「工作積極性不高」的原因：小組內部有矛盾嗎？最近的工作難度很高嗎？主管和部下相處得怎麼樣？有什麼特別的事情發生嗎？從多個角度去了解情況，才能找出「員工士氣低落」的真正原因。經詢問你發現，其實「工作積極性不高」不是真正的問題所在，而是「主管和部屬缺乏溝通」才影響了工作效率。

在麥肯錫，經營顧問和客戶見面前製作採訪表是一種習慣，這樣不但可以方便交流，還可以提高工作效率。

優秀的經營顧問會像記者一樣，對目標深入調查取材，找到對方的真正需求。

可是，怎樣讓對方向你說出心裡話，了解他的真正需求呢？製造「場所」就顯得很重要了。一般情況下，選擇可以讓對方容易說出心裡話的環境，比如對方的辦公室或者家裡等相對使他放鬆的地方。有的人不喜歡在辦公室，也不喜歡在家裡談工作上的事情，那麼就可以選擇餐廳或咖啡廳之類的地方。不過，要想了解對方更多詳細的資訊，最好去一次對方的辦公室或家裡。有時客戶可能選擇來你的公司，因此要在自己的公司裡準備一個讓對方放鬆、可以說出心裡話的辦公室。

重點整理

要學會傾聽對方說話，找出對方的真實意圖。在向對方詢問問題時，要事先做一張採訪表，列明自己想要詢問的內容。為了使對方說出自己的心裡話，要準備一個「舒適」的環境，可以讓對方暢所欲言。

04 不要被客戶牽著走

和客戶採取不同的立場，不代表不和客戶站在一起。

陳蘭在「過五關，斬六將」之後，終於闖到面試的最後一關。雖然她心態很正，覺得這是「自己和自己的競爭」，但回想起最後一輪的面試，陳蘭覺得驚魂未定。面試官給出的案例是：在飛機上，你遇到一個賣大馬哈魚的人。他對中國市場很感興趣，想問你在中國大馬哈魚的市場有多大。一個小時後飛機就要到達終點了，而你必須在下飛機前向他說明中國大馬哈魚的市場容量，而且要具體到人民幣或者噸。

這似乎是一個令人摸不頭緒的問題，該如何回答？陳蘭知道這是應聘者在考分析問題的能力。她思考了片刻後，找到了突破口，開始在紙上演算起來。她把問題分解成幾個能理解的小部分，然後再綜合起來，給出一個答案。

陳蘭是這樣推理的：中國的人口大約是十四億，而其中大概三億是目標物件。中國的城市人口占總人口的20%，由此再來確定餐廳的數量。在繁華地區，大約是一千人共用一個高級餐廳（因為大馬哈魚一般是在高級餐廳出現的），根據高級餐廳一天的工作時間、客流量、會點大馬哈魚的顧客數目，就可以得出一個數字。當然，這其中有許多假設。就這樣，她最終面試成功。

在陳蘭給出的數字答案中，考官關心的不是一千人共用一個高級餐廳是否正確，而是有了這個假設，你就可以去查證。數字結果是什麼並不重要，重要的是你的邏輯推理是否正確。試想一下，你在對方提出這個問題時，會怎麼做呢？是想立刻上網查閱相關統計，還是直接告訴對方你不知道？要知道，面試官想知道的不是你的答案是否準確，而是你是如何得出這個答案的。如果直接說不知道，那麼等於放棄了面試。

在很多情況下，我們習慣掉入對方問題的陷阱，忽略了對方真正想要的是什麼。在面試中，面試官通常會想知道的是，面試者面對看上去很離譜的問題會做出什麼樣的反應，是否能夠站在俯瞰點上分析問題。

「站在俯瞰點上傾聽對方的話，並且建立假設進行回答」對於麥肯錫公司來說是很重要的技能。我們可以將視角分為三種：一、自己的視角；二、對方的視角；三、俯瞰的視角。在傾聽客戶的問題時，將這三種視角變換使用可以達到更好的傾聽效果。

例如對方說：「白色帽子的銷量下降，出現滯銷，要怎麼改變這種狀況？」

你的視角是：白色帽子的銷量下降，黑色的帽子會不會好一點？對方的視角是：白色帽子銷量下降，要怎麼宣傳才可以提高銷量？俯瞰的視角是：是否應該在帽子的市場縮小前，轉移一部分生產？

你在傾聽的過程中，無意識中就會用自己的視角去思考問題。當然，有時你提出的假設是正確的，但當你轉換視角時，你可以得到更接近本質的假設。上述問題中，你的視角中「宣傳其他帽子來銷售」的假設可能是正確的，但是對方已經生產了大量的白色帽子，如果不採取措施提高銷售額，就意味著會有一筆不小的損失。

可是當你從俯瞰的視角來思考問題，「轉移生產」，可以從長遠意義上減少損失。

如果你能清楚自己應該用什麼視角來傾聽對方說話，就可以站在和對方不一樣的立場上分析問題，找出最佳的解決方案。

尤其是當對方正在為當前的問題焦慮時，你如果和他站在相同的立場上，那是很危險的。當帽子已經積壓了很多，客戶很急躁，你也跟著急躁，那麼你建立起來的假設也會受到限制。因此，在傾聽對方的話時，不要被對方的情緒所影響。

但是，和客戶採取不同的立場，不代表不和客戶站在一起。對於麥肯錫公司來說，「客戶至上」的宗旨是永遠不會改變的。從某種意義上來說，沒有客戶就沒有麥肯錫，是客戶的錢支撐著公司的運營。哈米施．麥克德墨特說：「對於麥肯錫來說，在客戶、公司和你這三者中，客戶永遠排在第一位。」

重點整理

在傾聽對方說話的時候，要有自己的觀點，不要被對方的情緒所影響，站在俯瞰的視角去分析問題，才能找出最佳解決方案。不和客戶採取同一立場去思考問題，但是要和客戶站在一起，有共同的目標。

05 巧妙地讓對方思考問題的答案

在需要否定別人的觀點時，要巧妙引導對方自己尋找答案，而不是直接提出反對意見。

我們仍然以「白色帽子」為例，來換個角度分析上一篇的問題。當客戶對你侃侃而談，熱情地介紹白色帽子有什麼特別之處、為什麼公司會選擇白色帽子、這款帽子的設計有什麼特色、白色有什麼寓意等，讓你看出他們對白色帽子市場的憧憬，可是你看到的卻是這個季節不適合戴白色的帽子。

在當前市場中，白色帽子的競爭力很低，而一些暖色調的帽子可能更受歡迎。如果想把帽子市場做好，除了款式新穎，顏色也要多樣。或者把眼光放在和帽子搭配的手套、圍巾上面，拓寬公司的產品。從客觀上看，你的假設正確率很高。

如果這時候，你直截了當地告訴對方說：「很抱歉，我不太認同您剛才關於白色帽子市場的觀點，我覺得貴公司不應該繼續在白色帽子上下功夫……」聽到你這番話，客戶的心裡肯定涼了半截，氣氛也會很尷尬。明明是找你來解決如何提高白色帽子銷量的，可是解決方案沒出來，白色帽子就被你一棒子打死了。而客戶的工作也被你全否定。

你有沒有想過換個方式，讓客戶自己尋找答案呢？

麥肯錫的諮詢顧問在需要否定別人的觀點時，通常都會巧妙引導對方自己尋找答案，而不是直接提出反對意見。就像是和自己主管的交流之道一樣，不直接產生摩擦，而是讓對方說出你的想法。你可以這樣問對方：

「貴公司生產白色帽子的理念別具一格，可是，市場上對白色帽子的需求狀況如何？」

「客戶挑選帽子的時候，喜歡白色嗎？」

「現在什麼款式和顏色的帽子銷售得最好？」

「如果您是客戶，會選擇什麼樣的帽子啊？您會想要和帽子搭配的圍巾、手套之類的嗎？」

像這樣，將你的假設和自己的意見放在疑問裡向對方提出。對方聽到你的提問，一定會思考，並做出實事求是的回答，而不是站在自己先前的立場上闡述白色帽子多麼特別、多麼有魅力了。

當對方說出你想要的答案後，你可以恰到好處地說出你的看法，肯定對方剛才所說的：「嗯，我和您的看法一樣……」

當對方對一種相對「不正確的觀念」固執己見，比如就是覺得白色帽子市場很好時，那麼你說再多都不能改變他的觀念。如果不顧後果地強行揭露對方的失誤，只會傷了雙方的感情。嚴重的話還會出現溝通障礙，即使花再多時間也解決不了問題。

無論從事什麼工作，在和客戶交談的時候，都需要考慮對方的感受。比如你作為客戶，本來想買一頂粉色的帽子，覺得粉色可愛，可是推銷員卻說：「女士，您好，你不適合戴粉色的帽子，粉色是小女生顏色，您選擇卡其色吧，顯得您年輕又有氣質。」

假設他說的是事實，你在試戴的時候 也覺得卡其色比較適合自己，可是聽到推銷員的話，試想一下，你還會買卡其色的帽子嗎？我猜你肯定連粉色帽子都不願意看了。然而，如果他是在你試戴後，問你哪個顏色好看，你覺得卡其色適合你，我相信無論多想買粉紅色，你也會選擇卡其色的。在工作中和客戶打交道時也一樣，尊重他的感受，讓對方找出答案。對方不但會感謝你幫他解決了問題，還會感謝你及時糾正了他先前的錯誤看法。

重點整理

和客戶交流的時候，要善於運用「疑問」，讓對方在思考中找出答案。不要一開始就試圖用自己的正確假設否定對方，這樣只會讓對方尷尬，甚至使雙方的關係陷入僵局。

06 訪談前，準備一份提綱

訪談前的準備工作是最為重要的，這是每一個訪問者必須具備的一項工作能力。

義大利著名女記者奧琳埃娜．法拉奇在一九八〇年訪問了鄧小平，訪問的整個過程都是在輕鬆、和諧的氛圍中進行的。

法拉奇：「我記得沒錯的話，明天是您的生日！」

鄧小平：「我的生日？明天是我的生日嗎？」

法拉奇：「是的，我是從您的傳記中得知的。」

鄧小平：「原來是這樣。既然如此，那就算是吧！我從來都不記得自己的生日是什麼時候。可就算明天是我的生日，你也不應該祝賀我呀！我都七十六歲了，七十六歲是衰退的年齡啊！」

法拉奇：「哦，不！我父親也是七十六歲，如果我對他說七十六歲是一個衰退的年齡，他會給我一巴掌的！」

鄧小平：「他做得對，你不會對你父親這樣說吧？」

從這個案例中，我們可以總結出法拉奇在訪問鄧小平過程中的幾點成功經驗：一、精妙的訪談技巧；二、充分的事先準備。當然如果看完法拉奇的整部《鄧小平訪談錄》，我們還可以再加上一點：提問時恰當的切入時機。

在一場訪談中，如果我們對對方沒有基本了解，就無法把握住對方的脾氣秉性、行為方式以及思維模式。如此一來，就需要我們在訪談中去進行逐步了解。而對於像麥肯錫這種對時間控管非常苛刻的公司而言，一場冗長的訪談，絕不是麥肯錫公司所提倡的，也絕對不符合麥肯錫方法論。

唯一的辦法就是提前做好功課，事先對客戶進行全面了解，然後透過正確的訪談技巧，充分利用寶貴的時間，進行一次完美的訪談，這不只是對自身工作的一種要求，也是對客戶的一種尊重。

前麥肯錫公司諮詢顧問艾森·拉塞爾曾經向很多麥肯錫校友請教過「如何做好一次訪談」這個問題，普遍的回答是：「準備一份訪談提綱。」

準備一份訪談提綱，並不是單純準備羅列了一堆問題的一張紙，重要的是提前做好準備，做足功課。在這張紙上把我們所了解到的資訊重點都記錄上去，然後，明確我們的目的、訪談的最終意義是什麼，結合這些再去確定相關的問題，尋求一種正確的交談方式。

在麥肯錫，對員工進行培訓時，會著重強調做訪談時的注意事項：訪問一開始要從一些日常的、一般性的話題談起，然後深入具體的、有針對性地提問。不要一開始就涉及敏感領域，比如說「您在公司的職責是什麼」、「你來公司多久了」，一開始就提出這樣的問題，會讓客戶感到緊張，很難進入訪談的狀態中。

簡言之，就是做好訪談的開頭。「萬事起頭難」，一個輕鬆和諧的開頭，決定整個訪談的氛圍，就像法拉奇那樣，從「生日」這個讓人難以忽視的話題入手，拉近與對方的距離，開啟一場成功的訪談。

在做足這些準備、打開局面後，還要選擇合適的時機進行提問，切忌冒昧、惡意地打斷對方。在提問的過程中，可以加入一些我們事先已確認過答案的問題，這並不是多此一舉，很多時候，對方可能會隱瞞一些他們不想透露或是認為與問題無關的資訊，而這些資訊恰恰是我們最需要的。所以，我們需要透過一些已知的問題來查驗對方是否有所隱瞞、是否真心實意地向我們陳述。

另外，我們所能了解到的資訊，往往都是官方發布的表面資訊，與事件的真相往往會有出入。這時，我們將這樣的問題拋出，對於知道事件真相的人往往會造成衝擊，收到意想不到的結果，獲得對我們有利的資訊。

當然，訪談最終還是要回到正題，我們之前所做的種種準備，都是為了引出正題。正題即我們訪談的目的，也就是留在提綱上的這三到五個問題，我們不能在訪談結束後還帶著疑問。當然，在訪談結束後，我們或許得不到答案，又或許得到了意想不到的答案，但是在訪談期間，我們都要想方設法地去解決這些問題，盡量找到問題的答案。

這就涉及一個人的交談能力。與人交談並不是單純的能說會道，交談中，除了一些必要的禮儀之外，還要明白身為訪問者，通常都是處於傾聽狀態，受訪者才是主要的陳述目標，這便需要我們透過談話技巧去引導對方。問題只是單一的，但答案卻是多面的，我們可以在傾聽的過程中，透過分辨和尋找線索，總結出一個較為全面的答案來。

當訪問接近尾聲的時候，提綱上的問題都了解得差不多了，也不要急於結束訪談。一場完美的訪談，有一個良好的開頭，自然也不能缺少一個美好的結尾。可以收起訪談提綱，透過一些其他的話題，讓訪談在輕鬆愉快的氛圍中結束。不要以為這是無關緊要的步驟，在獲取資訊上，沒有誰可以保證能夠做到完美，對方的每一次開口，都會包含一定的資訊，關鍵是看我們能否抓住。這時候，我們可以試著提醒一句：「您還有什麼要說的嗎？」、「您確定事情就是這樣的嗎？」在得到對方肯定的答覆後，我們還可以重複一下對方之前所說的一些要點，然後再以徵詢的口吻說：「您所說的我都記下來了，如果沒有錯的話，我們將根據您提供的資訊進行整理分析，進行下一步的計畫。」

這時候，如果對方在之前忽略了某個方面，一經提醒，就有可能想起來。如果確實沒有什麼好補充的了，這也可以作為一個不錯的訪談結尾。

如果把訪談分解開來看的話，訪談前的準備工作是最為重要的，這是每個訪問者都必須具備的一項工作能力；其次是完美的開場和結尾，一般來說，訪談過程中，身為訪問者只有在開頭和結尾的時候才會有較多的話語權，中間這個過程大部分都是在傾聽，所以說，要充分發揮自己的優勢，製造一個完美的開始；最後就是訪談期間，我們除了傾聽之外，為了讓對方盡可能地與我們的問題和目的保持一致，也需要適當地進行引導。訪談雖說只是簡單的一個詞彙，卻可以稱之為一門藝術——真正的談話藝術。

重點整理

訪談中，從來就不存在多麼難以對付和蠻橫無理的受訪者，有的只是準備不足。在訪談前，準備一份訪談提綱，可以幫助我們解決訪談中很多棘手的問題，從而獲得更多交談時間，掌握更多資訊。

07 訪談成功的七個祕訣

訪談是拓展業務必不可少的過程。

剛到職的業務小謝為了開拓業務，打算去做客戶拜訪。可是，他去了三次都被拒絕。而這份新工作是以走訪客戶為主，在和客戶交談的過程中完成訂單。因此，他對這份新工作失去了信心。經理張熹看出了他的苦惱，便讓老員工小黎和他一起去拜訪。結果客戶就下單了。這時候，小謝發現，不是客戶不願意接受他們公司的產品，而是他的走訪方式有問題。經過小黎的示範，小謝找到了訪談技巧，越來越喜歡這份工作了。

在和客戶打交道的時候，走訪是必需的。可是，很多人不懂得走訪的技巧，於是多次吃閉門羹，或是訪談後也不能得到自己想要了解的資訊。

走訪是麥肯錫團隊的一項重要工作。想要了解客戶的相關資訊，了解企業的生產經營狀況，都需要進行大量的走訪工作。走訪的對象很廣泛，包括公司的主管、生產線上的監工、供應商、客戶、行業專家等，對企業生產經營相關的各個環節都要進行了解。甚至有時候還需要走訪企業的競爭對手，做到「知己知彼，百戰不殆」。走訪不單是獲得需要的資訊，也是填充自己的知識空白、完善思想、增加服務客戶的經驗的過程。

在訪談中，要在有限的時間內獲取自己想要的資訊，就要掌握一定的方法技巧。以下幾個策略可以幫你在訪談中順利達成目標。

一、請被走訪者的主管安排會面

在走訪前，可以向受訪者的主管表明這次訪談的重要性，引起主管的關注，受訪者一定會積極配合的。在訪談的時候，會很快進入正題，而不是誤導和敷衍你。

二、兩個人一起進行訪談

一個人去拜訪客戶時，既要提問，又要記錄，而在做記錄時難免會妨礙你繼續提問。這時，你很可能會忽略受訪者給出的非語言線索。因此，單靠一個人想展開一次有效的訪談並非易事。所以，可以兩個人一起去走訪，一個人提問，另一個人專心記錄，也可以兩個人交替著提問和記錄，這樣使得訪談更完善，不會遺漏。如果對於某個問題，其中一位採訪者具備專業知識，由他去提問會更有效果。在訪談中，無論是誰做記錄，都要保持和另一位採訪者的步調一致。

三、注意傾聽，不要引導

在大多數訪談中，你需要的不是為問題尋找是或否的答案，而是盡可能獲得多一點資訊。走訪不是去指導，而是去拜訪、傾聽。要想獲得更多詳盡的資訊，最好的方法就是傾聽。在對方談話時，盡可能少插嘴，多聽少說，保證訪談內容沒有偏離主題就行了。要知道，對方對自己企業的了解一般比你多，他手裡掌握著大量的資料，對你會有幫助。

另外，多詢問一些開放式的問題，可以讓資訊流動起來。如果給出的是一道選擇題，你得到的答案就都是選項裡的。比如你想知道一家商店最忙的季節，如果你問店家是冬天還是夏天，他可能回答說是冬天。可是假使你問他「哪個季節您最忙啊！」，他給出的答案可能就豐富得多。

四、複述的重要性

在做實際的訪談前，麥肯錫都會培訓諮詢顧問，要求他們將某一個問題轉換一下形式複述出來。這看似很簡單的小事，做起來卻很難。

因為大多數人在複述時會條理不清或脈絡不明，順序顛倒，找不到重點，甚至出現離題的現象，把一些無關緊要的資訊扯進來。當你有條理地複述給受訪者時，他們聽後可能會補充一些內容，或者幫你強調一下重點。

五、不要窮追不捨

一個專案經理帶了一位新同事去拜訪，事前他們準備好了訪問大綱，並就訪談的一系列目標達成了一致。由於前期準備工作做得好，專案經理就讓新同事先提問。新同事為了得到想要的資訊，步步緊逼，搞得有點像審問了。這讓受訪者感到很不舒服，回答時語速很快，對提問有了戒心，到最後拒絕合作。

這個案例告訴我們，一定要注意受訪者的感受。不要單刀直入地問刁鑽的問題，給受訪者一種受到威脅的感覺。如果你很想知道幾個重要問題的答案，你可以圍繞問題繞幾個彎子，旁敲側擊地詢問對方。讓受訪者在輕鬆的環境中接受訪問，不要給他壓力，你的訪談才會成功。

六、不要問太多問題

在訪談中，切忌去問受訪者知道的每一件事情。你所有的問題應該圍繞你的提綱進行，這樣你就可以掌握很多資訊了。將自己的目標壓縮到兩至三個重要的問題上，如果沒有重點地詢問受訪者，你會發現大量的行業知識會增加你找到真正所需資訊的難度。

不要逼問受訪者太多的問題，緊追不放的提問會讓人反感，尤其是對商業領域的訪談。很多人都有不愉快的經歷，如果你逼得太緊，對方會極度不愉快。這時，受訪者會不再願意接受訪問。

七、哥倫波策略值得借鑑

在二十世紀七〇年代的一部美國電視劇中，有一位探長叫哥倫波。他在結束了對謀殺嫌疑犯的訊問後，轉身拿起帽子和風衣向門口走去。走到門口要離開的時候，他突然轉過頭，說：「對不起，女士，我有個問題忘了問。」然後在這不經意的一問中，竟然可以知道究竟誰是殺人犯。

這是一個很好的策略，當你需要知道某些資料時，可以在走訪結束，感到受訪者完全放鬆下來的時候，不經意地詢問一下。因為對方完全沒有壓力，沒有提防或者顧慮，很容易順口就說出你想要的答案。

這個策略還可以升級一下，不是在訪談結束時，而是在訪談結束的一、兩天之後，再次造訪受訪者。你可以說自己是路過，來問候一下，上次訪問後想起有個問題忘記問了，順便再了解一下。這樣，你看起來沒有什麼進攻性，也會很輕鬆地獲得你想要的資訊。

了解了訪談的七個祕訣，相信你走訪起來會容易許多。

重點整理

要想在有限的時間裡獲得自己想要的資訊，一定要掌握一些訪談技巧，麥肯錫訪談成功的七個祕訣可以幫你順利完成訪談任務。

08 尊重受訪者的感受

身為採訪者，要懂得如何幫助受訪者減輕壓力，緩解緊張感。

一位麥肯錫顧問和他的專案經理一起去採訪一位大型製藥廠的總經理。當時，該製藥廠為了提高效益和擴大規模生產，希望麥肯錫可以指導他們重組公司組織結構。這位經理已經在這家製藥廠工作了近二十年了，很害怕在這次重組後丟了飯碗。

在約定好的時間，諮詢顧問和專案經理走進他的辦公室，他很緊張，簡單做了一番自我介紹之後，便問兩位採訪人是否需要咖啡。在他的書桌上有一個咖啡壺，他拿起咖啡壺，打算倒咖啡，可是他手抖得厲害，怎麼都倒不出來。他試著把咖啡壺放下，又重新拿起，結果還是不行。

麥肯錫的專案經理看出了他此時的尷尬和緊張，便走過去，拍了拍他的肩膀，微笑著說：「我來吧！您先坐下。」這位製藥廠的經理會意地點點頭。他看到來訪人的微笑，頓時放鬆了許多。

一次訪談，尤其是對受訪者很重要的訪談，即使在訪談並沒有真正開始時，也會給受訪者造成無形的壓力。身為一名採訪者，尤其是帶著任務去調查一些商業問題時，你的職位可能沒有企業老闆或者公司高級經理那麼高，卻還是處於很多人之上，這時候你會自然而然有一種特殊的權威感。

假使你調查的受訪者在某一家品牌連鎖店中工作，他的公司出了問題，他受主管之命接受你的訪談，你可以想像一下，你的訪談對於他來說意味著什麼。換位思考，如果你處於受訪者的位置，你會有什麼感受？緊張和焦慮是在所難免的。可是你身為一名優秀的採訪者，職業責任會告訴你，對於緊張焦慮的受訪者，你要做的是尊重他們，消除緊張和焦慮，而不是去利用。

在應對一些重要的訪談時，受訪者緊張是正常的，但是身為採訪者，你要懂得如何幫助受訪者減輕壓力、緩解緊張感。除了要和受訪者預定好採訪時間外，還要告知其一些採訪重點和主要談的內容，讓受訪者做好心理準備。採訪要在受訪者熟悉的環境中進行，比如受訪者的辦公室、家裡或者他經常去的咖啡廳等。

受訪者的焦慮可能是因為害怕你的訪問而又不得不接受，或者是害怕自己說錯什麼而影響到了自己的前途而產生的。無論哪種原因，都不要讓受訪者覺得自己是在接受審訊。沒有人會喜歡這樣的談話，包括你自己。

你應該努力營造一種輕鬆的氛圍，讓訪談愉快地進行。你尋找的只是你提綱中兩、三個重點問題的答案或者相關資訊，而不要在一次訪談中將受訪者榨乾。問題最好是商業範圍內的，不要觸及個人隱私。如果不小心涉及了，一定要徵求受訪者的意見，問他是否願意回答。如果被拒絕，不可以緊追不放，這樣只會讓受訪者感到反感，不再配合訪談。提問題的時候，可以有一些舖陳，不能剛開始訪談第一個問題就是：「請問，確切地說，您的工作主要是做在什麼？」這會讓談話的氛圍一下子變得尷尬起來。先聊些輕鬆的問題，漸漸轉入主題，讓受訪者有個心理適應的過程。

不要把你身為採訪者的訪談權威當成武器。一般情況下，大部分受訪者都會願意幫忙。倘若你拿著自己的權威去炫耀，打壓受訪者，即使他礙於自己主管的壓力不敢反抗，但還是可以保持沉默不語，這樣你就沒有辦法繼續你的訪問。如果真的遇到了比較棘手的受訪者，不願意配合，或者對你的提問置之不理，這時候你就可以把你的權威帶到訪談中了。但是在訪談結束之後，一定要禮貌地致上歉意，表示對受訪者的尊重，表明你也是出於工作的需要才運用你的權威。

在訪談中，一定要讓受訪者感受到你的真誠。受訪者緊張、焦慮，說明這次訪談對他的意義重大。這次訪談，很可能會徹底解決他們公司的問題，如果工作效率提高、利潤增加了，他作為公司的員工，是受益的。像這樣的訪談，受訪者當然也希望你在採訪過程中是真誠的，用極其認真的態度來對待談話。如果你真誠，受訪者會更願意和你交談，並樂意提供許多你沒有想到的資訊。當然，如果你也有資訊的話，不要怕和他分享，大多數人都希望了解自己的公司更多資訊。

相信大多數人都會認為被採訪是一件讓人不安的事，尤其是關於自己的工作或公司問題的採訪。

身為採訪者，你有責任尊重被採訪者的感受。不僅要保持敏感，還要鍛鍊自己的商業觸覺。尊重受訪者，不但可以讓訪談順利進行，還可以讓受訪者對你留下好的印象，願意積極配合你的工作，甚至樂意在工作之餘和你成為朋友。要記住，你只是採訪而已，你的權威也只是工作賦予你，而不是你看輕或者不尊重受訪者的工具。只有尊重別人，別人才會給予你同樣的尊重。

重點整理

每一位受訪者在採訪前心裡多少都會有不安和緊張，這時候不要只顧著自己的任務，也要尊重一下被訪者的感受，適當給予對方一些準備時間。

不要用自己的權威去壓制受訪者，要讓他們在輕鬆的環境中接受訪問，並幫助他們減輕焦慮和緊張。

09

讓客戶參與你的工作

和客戶團隊合作，讓他們知道這種合作是有意義且有益的。

麥肯錫團隊曾在華爾街為一家經紀商做重組專案，他們需要和資訊技術部門人員組成的客戶團隊共事。雖然這是工作需要，但是經紀商的資訊團隊中還是有人不願意和麥肯錫打交道。有位大型電腦的工程師就是典型代表，他個子不高，經常穿著不合身的西裝，戴著一副厚厚的眼鏡，看起來是比較有個性的人。他本來就不想加入客戶團隊，因為覺得自己還有一大堆事情要做，做自己喜歡的事才是他的追求。

麥肯錫團隊的經理知道工程師的情況後，帶他做了幾次走訪，一起去拜訪銀行家、經紀人以及交易員等一些高層人士。這些人都是閱歷豐富、經驗多、身處生意第一線的人。工程師和麥肯錫團隊經理走訪後，覺得自己學到很多東西，也懂得發現問題後如何利用技能去解決。從此，這位工程師發生了很大的改變，他的自信心隨著專案的推進變得越來越強，也願意和大家分享自己的工作心得與提出意見了。和麥肯錫團隊一起工作的這段經歷，讓他的視野開闊了，對工作也越來越喜歡。

讓客戶參與工作，不但能保證你的工作順利開展，還可以使得客戶獲得經驗，同你一起見證解決問題的過程。工程師在參與走訪後，增長了見識，工作積極性也提高了。當大家為了共同的目標一起努力時，才更容易獲得成功。

在和客戶一起訪談前，你需要做好充足的準備，列好提綱，掌握訪談成功的祕訣等，要尊重受訪者的感受，讓他們可以放下壓力，輕鬆地和你交談。如果你們的共同點比較多，談話的興趣會更高，對方也願意講很多。多傾聽對方的談話，注意引導對方不要偏題。

麥肯錫訪談中的所有準備工作你都做了，可是，你的客戶在經過一起訪談之後，就一定滿意嗎？當然不是！你的計畫、你的方案，都是圍繞客戶的問題提出的，可是倘若你的客戶不認可，沒有參與，你怎麼可能成功呢？

身為麥肯錫的諮詢顧問，你必須懂得讓客戶和你站在一起。把自己的客戶請進來，讓他們同你一起參與到解決問題的過程中。只有在過程中，讓他們接受你的建議、計畫和方案等，獲得他們的支持和認可，才可以讓專案取得成功。

和客戶一起進行訪談，讓他們參與工作，首先要做的就是**了解客戶的真實意圖和想法**。客戶遇到了問題，找你想辦法解決問題，說得直接點就是為了獲得更多的利益。如果想讓他們和你一起參與工作，那麼你的努力必須是為客戶著想的，可以為他們帶來利益。在你們建立了這樣的共同目標後，客戶才會認可和支援你。當然，客戶的利益並非一成不變，他們的想法和意圖也會隨著時間而變化，因此，你需要經常和客戶保持聯繫，了解他們的最新想法。

身為精英部下，你需要懂得溝通技巧，和主管搞好關係；身為優秀的主管，你需要激勵部下，提高團隊士氣；當你身為一名諮詢顧問，在面對客戶時，你同樣需要調動客戶的熱情。你可以嘗試用所謂「早期的勝利」，讓客戶對你的計畫產生極大的興趣。早期勝利的影響越大，客戶的積極性就會越高，也會更加願意和你合作。人們在希望的鼓舞下，總會加倍努力。客戶也會把勝利看成自己內心的希望，參與性就會大大提高。

不要擔心客戶會把最後的勝利占為己有。有一位諮詢顧問花費大量的時間和精力，說明客戶建立了一個大型的現金流量模型，用於對不動產併購的評估。這個方案的確有效，也獲得客戶公司的贊許和支持。可是，到了模型運轉的時候，客戶團隊卻對外聲稱這是他們自己做出的。雖然在模型的建立過程中，他們的確出了力，但主要功勞應該是那位諮詢顧問的。這讓實際的「大功臣」諮詢顧問很傷心。

實際上，你的確為這個案子付出了很多努力，客戶只是參與而已，做了一些小工作。專案的成功關鍵在於你的團隊，而最後卻被客戶奪去勝利的光環。可是，專案的成功不就是你解決客戶問題的證明嗎？至於功勞，算到客戶頭上對你來說又有什麼損失呢？

和客戶團隊合作，要讓他們知道，你們的合作是有意義的，以及對他們來說是有益的。在和你一起解決問題的過程中，可以學到在其他地方學不到的東西。你獨特的經驗，對他們的工作和前途都有幫助。

麥肯錫一位校友在離開麥肯錫後，對讓客戶參與工作的做法深有體會。他指出，「創造性和前瞻性地創造客戶參與的機會，對維持客戶關係至關重要」。

希亞姆・吉里德拉達斯在離開麥肯錫後創辦了自己的顧問公司，他了解到，僅完成高品質的工作是不夠的，客戶參與很重要。「麥肯錫意識」所強調的不是如何精彩地解決問題，而是如何在整個專案過程中不斷溝通，有效融合，贏得支持。

如今，越來越多製造商將客戶納入了研發過程，研發部門也會經常派人向客戶了解產品的使用情況，然後做出改進。

重點整理

讓客戶參與你的工作，你的方案、計畫會更容易獲得認可和支持，工作也會順利開展。多和客戶溝通，了解客戶的想法和意圖，採用「早期的勝利」來誘導客戶的參與熱情。

第七章

麥肯錫推薦的解決問題方法

01 做簡報，取得交流成果

一份簡報可以反映出個人或專案組創造的全部構想。想要簡報成功，必須把聽眾帶到清晰的邏輯裡，有條不紊地進行你的分析。

一位在麥肯錫工作多年的諮詢顧問說：「麥肯錫人工作時會有一系列相同的經歷，專案培訓、訪談、熬夜……每位麥肯錫顧問會有最平常也最沒有必要的經歷——凌晨三、四點加班，在影印間裡等著把簡報的小冊子印好，準備在今天的大型專案簡報會中使用。我曾在一個早上花了兩個小時把裝訂好的藍皮書中的一張表替換成一張新表，只因發現了一個小小的錯誤。」

由此可見麥肯錫人對簡報的重視程度。簡報是麥肯錫人與客戶交流、溝通的主要方式。簡報有正式的，用精美的藍皮書在會議室進行圓桌會議；也有非正式的，幾個客戶經理用釘在白板上的幾幅圖表與顧問所開的小型會議。隨著初級員工在公司職位級別的上升，他們需要花大量的時間向其他人闡述自己的觀點。

麥肯錫人深知，一份簡報可以反映出個人或專案組創造的全部構想。想要簡報成功，必須把聽眾帶到清晰的邏輯裡，有條不紊地進行分析。如果一份簡報做得粗枝大葉、邏輯混亂，不管事實是不是這樣，聽眾都會認為你的思想是粗糙的、沒有邏輯的。所以，不管你的思考過程運用了哪種結構，都要把它表現出來。

如果使用的是麥肯錫的結構，那就把它運用到自己的簡報中；如果採用的是其他公司的原則，就得保證你的簡報能夠反映你的思考過程。不過，前提是你的思考是有條理和邏輯的。

曾任麥肯錫公司諮詢顧問的艾森．拉塞爾說：「如果你覺得麥肯錫的結構不對勁，覺得它不是你思考問題的方式，那就不要拿來運用。我在商學院的一個同學後來成為一名企業家，和很多企業家一樣，他具有敏銳的洞察力和直覺，糟糕的是他的思維不是特別有條理。他用的基本結構也說明他組織了很多成功的報告會，這種結構就是『告訴別人你要告訴他們什麼，然後反複強調』。他一直採用這種結構，並取得了不錯的效果。」

工作上，如果你習慣用一種循序漸進的結構，你會希望聽眾能夠跟上你的步伐。但在聽眾中通常會有缺乏耐心的人。某位麥肯錫的專案經理就遇到了類似的問題，這位專案經理每次把簡報交給客戶的高級經理時，他都會從頭翻到尾，然而在剩下的會議中，他卻沉默了。但是，專案經理找到了解決方案。在團隊最後的那次簡報中，他給這位經理一本藍皮書，所有的頁都訂在一起，無法再翻頁了。

工作中，不論是和客戶溝通還是向上級簡報工作，如果我們不事先做好計畫，把簡報總結和條理化，對方就可能會對你的簡報不滿意，甚至會直接表現出他的煩躁。所以，要學會系統地優化你的簡報，然後與客戶取得良好、高效的溝通，實現雙贏。

要想系統化地組織簡報，必須做到以下幾點：

一、系統化

一個成功的簡報，必須運用清晰合理的思維邏輯，讓聽眾順著你的思路聽下去。但要確保你的思考是有條理、有邏輯的。你的簡報反映了你的思考過程，想要使客戶滿意，這是很關鍵的一步。

二、善用電梯法則

要明白，在與客戶進行談判和溝通時，對方給予你解釋和表達的時間並不多，所以你要在最短的時間裡把想要表達的東西說清楚。要想在上下電梯的三十秒內向客戶做出清晰而準確的解釋，你需要全面掌握你的產品或方案，如果能掌握和運用電梯法則，然後再憑藉著你對自己當前工作的理解，就足以推銷出自己的解決方案。

三、圖文簡潔

要明白，你的時間與客戶的時間都是寶貴的，文字和圖表越複雜，傳遞資訊的效果就越差。為了讓客戶一目了然地弄懂你要表達的意思，就要做到圖文簡潔。

準備了那麼多，簡報的最終目的就是獲得認可，讓客戶滿意。該如何獲得客戶的認可，使客戶接受你的方案呢？

要想獲得客戶的青睞，就要在簡報之前與他們進行溝通。一個好的商務簡報，裡面應該有一些獨特的、出人意料的內容，但這些內容並不是所有人都會接受或肯定，如果不想你的方案受到出其不意的否定，就要與客戶進行事先溝通。

在向大家正式簡報前，與所有決策人溝通你的分析結果，有助於那些需要批准或執行解決方案的相關人員達成共識，從而支持你的方案。即使沒人支持你的方案，你也會有機會根據事先的溝通對方案進行調整。工作中，你服務與合作的對象是不同的，要根據不同的對象調整自己的簡報。畢竟，別人未必和你一樣了解討論的主題和相關知識。

簡報的過程也是與對方進行溝通的過程，所以，要充分運用技巧與簡報對象進行有效的溝通。

重點整理

把簡報系統化是簡報成功的關鍵，有系統的簡報，再加上努力不懈爭取關鍵決策者的認可，建議或成果就會更容易被接受。

02 必要時借助圖表說明問題

利用圖表，可以在繁雜的資料中快速挑選或凝練出有用的資訊，並以一種直觀易懂的方式呈現。

一位在麥肯錫工作多年的諮詢顧問說：「我初來公司時，拿到的第一批辦公用品是一盒自動鉛筆、一塊橡皮擦、一盒格尺和各種形狀的繪圖板：圓形、矩形、三角形等。別人告訴我『別搞丟，換一副很貴的，而且你需要用它們來製圖』。那是在一九八九年，早已不是石器時代了。過去幾年的學習和工作中，我都是在用電腦製表和繪圖。這裡如此原始，真讓我大吃一驚。這正是企業文化在不斷進步的技術面前頑固不化的標誌。在某些方面我的方法是對的，因為麥肯錫的文化確實很頑固。但在某些方面我又是錯的，這些繪圖板有著非常重要的用途，可以幫助我們在工作中使用圖表，簡潔明瞭地發現問題與解決問題。」

麥肯錫人深知，職場工作中，高效是最重要的。而利用圖表可以在繁雜的資料中快速挑選或者凝練出有用的資訊，並以一種直觀易懂的方式呈現。有這樣一種說法，「文不如表，表不如圖」，這就是圖表的重要作用。所以在工作中，要學會運用圖表為你的工作服務。

流程圖是使用圖表表示演算法思路的一種很好的方法。它能把繁雜的關係用一張圖概括出來。而在企業管理和團隊管理中，流程圖也像指南針一樣指引你前進的方向，並告訴你解決方案的最短路徑。

在你做好工作中的流程圖時，工作中所面對的問題，就會有特定的解決和干預模式。於是，流程圖會幫助你快速地解決問題，為員工和公司獲取更大的利益。

在工作中，管理者如果能利用好流程圖，會對自己的管理工作提供絕佳的幫助。流程圖這個指南針可以幫你發現工作中的錯誤。如果你發現自己的管理或處理事情的方式不對，你就可以用它找出其中的錯誤。流程圖的應用會讓你做出的決定最優化，可以避免很多錯誤的產生。管理者也會在流程圖的利用過程中得到經驗。因為管理者很容易把自己固定在一個模式之下，學會高效利用流程圖後，就會學會從多方面考慮問題。時間久了，處理起問題也就得心應手了。

在工作中，管理者扮演著多重角色。當你與員工一起工作時，你會身為高層員工向上級簡報工作。當你身為一個團隊管理者時，你不僅要負責報告工作，還要管理手下的員工。所以在你干預的一開始，大家並不在流程圖上的同一位置。這就給管理者出了一個難題。當大家處在不同位置時，如果產生問題，要如何處理？

對於這個問題，管理者可以對不同位置上的人加以區分。把你的上司、對你發號施令的人歸類於委託人。把你管理和與之打交道的員工歸類於直接客戶。明確他們在流程圖上的地位後，管理者要加以選擇，對流程圖上關係較薄弱的一方加以處理和維護。要讓委託人和直接客戶在流程圖上最終到達相同的位置，這更能體現你干預方式的有效。如果你不能很好地處理這個問題，會大大降低你的工作效率，讓工作發生混亂。

身為管理者不可能只面對一個員工，你可能領導一個團隊，甚至是更多的人。如果面對單個員工，那麼你們的關係會在流程圖上清晰地表達出來，當你領導很多人時，許多方面都要涉及，這時難度就大大增加了。所以當你面對一個團隊，不同的成員分布在流程圖不同位置時，你要高效利用流程圖，爭取用最少的時間取得最大的成果。管理者要高效利用流程圖，要從以下方面做起：

一、進行人員規畫

在流程圖上把每個人所處的位置規畫和標記出來，使複雜的關係得到簡化，這樣有利於提高工作效率。

二、確定目標

在運用流程圖之前，要制訂一個計畫和最終的目標。在干預和處理事情的過程中，要接受不同的意見和答案，努力讓流程圖上的每個人實現自己的最大價值。

三、分清主次

在解決問題時，要按照流程圖上人員分布的主次，來實行干預。先從需要管理和說明的人開始，然後再對流程圖中位置靠下的人進行干預。

流程圖在工作中占有很重要的地位，充當著指南針的角色，為管理者提供正確的方向。它會告訴你能做和不能做的事情。在工作中，環境和人員會不斷地變化，在流程圖中你和他人的工作關係也是一直變化的，這就要求你要不斷地整合和創新。作為管理者，帶領團隊高效地完成任務、創造價值是最重要的事，你要相信，流程圖會是你重要的幫手。

圖表能為企業領導在做決策時提供依據，提高決策的科學性，所以準確而直觀的圖表在商務活動中的作用不容小覷。

圖表能透過各種單調且看似毫無關聯的資料，讓重要資訊躍然圖上、一目了然，這在視時間為金錢的職場中尤為重要。所以，學會利用圖表解決問題。

重點整理

圖表能在繁雜的資料中使接收者快速挑選出有用資訊，化繁為簡，節約陳述時間。管理者適當利用流程圖可以安排人員畫分、明確目標和找到解決問題的根源，給工作帶來極大的便利。當然，這一切功能的發揮都要建立在合適的圖表之上。

03

讓客戶團隊站到你這邊來

進行溝通的目的是互相傳遞資訊，交換彼此的觀點，從而讓事情往更好的方面發展。因此，在溝通的時候，不要先入為主，認為自己是正確的。

麥肯錫顧問有時遇到這種情況：在為某個企業進行諮詢的時候，企業經營者的想法和顧問的建議會發生衝突，往往一件事情從管理者的角度看似乎沒有什麼，但麥肯錫顧問能夠看出事情背後的問題。而此時，麥肯錫顧問所要做的就是化解這種分歧。

化解分歧不能總依靠說服，有的時候，企業經營者的想法未必是錯的，麥肯錫顧問的意見也未必對。我們進行溝通的目的是互相傳遞資訊，交換彼此的觀點，從而讓事情往更好的方面發展。因此，在溝通的時候，就不要先認為自己是正確的。

艾森·拉塞爾說，在進行討論之前，沒有人是一定正確的，很多後來被證實的觀點和意見，其實都是在討論中得出的。對於討論而言，分歧是有益而非有害的，因為分歧代表著更多的可能性和更多一層的考慮，事情經過多人的考慮之後總能夠得出最接近於實際的答案。

對資訊來源的訪談是麥肯錫顧問們日常的主要工作之一，為了保證訪談的客觀性，在麥肯錫團隊內部還有一個不成文的規則，即在訪談的進行中，要讓訪談對象自由地表達想法，即便與麥肯錫顧問的觀點有分歧，也不能進行刻意引導。因為麥肯錫顧問認為，受訪者自由地談論某事，他的思路完全是獨立的，他所揭露出的資訊也應該是最真實的，而當他被某些詞語暗示之後，他的思路會下意識地朝向或者規避這種暗示，進而導致資訊的偏差。

比如，一位訪問者正在就企業的經營狀況對中層管理者進行訪談，這位管理者談論了企業的人員結構、管理方式、市場份額和競爭對手。這時，如果麥肯錫顧問認為財務狀況是一個嚴重的問題，因而插嘴說了一句：「公司的財務狀況方面有什麼特殊的地方嗎？」

受訪者就可能會下意識地放大財務方面的問題，即便原來財務方面沒有什麼問題，他也會試圖去挖掘一些資訊，來滿足這方面的暗示。

從這一點我們可以看出，麥肯錫對於分歧的原則是歡迎分歧、理解分歧、平等對待分歧，並尋找共識化解分歧。實際上，不僅僅是麥肯錫公司重視分歧，在我們日常的生活和工作中，分歧也是非常重要的。事實上，正是因為有了分歧，我們的社會才能夠發展。

分歧使我們的工作做得更完美了，但對於我們來說，與客戶團隊達不成共識，會是一件很糟糕的事。因為客戶團隊不支持你，你的計畫就不會實行。想要得到客戶的認同，讓他們和你同一戰線，就要讓客戶加入你的專案，做一名真正的參與者，參與解決問題的過程。顧客在參與工作的過程中，會提供給所需的資源，並支持你的工作、關心你的成果。這樣的話，很難想像有哪個項目是不能成功的。

在與客戶團隊合作時，首要任務就是讓他們與你達成共識，站在你這邊。麥肯錫人了解到讓客戶團隊站到自己這邊的關鍵，就是與客戶統一戰線與目標。因為他們知道，如果與客戶的意見和目標不一致，任務就會失敗。

想要客戶接受你的意見、站在你這邊，首先就要了解對方的意圖，滿足對方的利益。只有客戶認為你的工作滿足他的利益，他才會支持你。我們要記住客戶的利益是隨時變化的，只有頻繁地接觸和定期與客戶溝通，才能讓你的項目成為他們工作的重要內容。最好與客戶預定時間，按照專案進程安排好和客戶的定期會議，加強聯繫。

想要客戶站在你這邊，不僅要滿足對方實質性的物質要求，還要滿足他們的「心理要求」，這需要我們學會一些交流與溝通技巧，讓對方在心裡認為「你跟他們是一夥的」。「我的事業需要你的說明」和「我們的事業需要你的說明」，雖然這兩句話只有一點點的不同，但給人的感覺卻千差萬別。

在與人溝通的時候，最好能夠先確定一下自己的立場，如果你發現自己並不是站在對方的對立面上，甚至有可能與對方統一起來，那麼這裡有一個最巧妙的方法幫你用最短的時間完成有效的溝通，那就是把「我的」變成「我們的」。

艾森．拉塞爾認為，企業的經營者無論如何對員工說教，都不如將員工的切身利益與企業結合，對他們的觸動更大。

「有時候，管理者需要花費大量的時間說服員工聽從他們的指令，然而如果你能夠讓員工意識到這個企業與他息息相關，那麼即便不進行溝通，他們也一樣會努力地工作。」艾森．拉塞爾這樣說道。

作為一個知名的諮詢顧問，艾森．拉塞爾走訪過無數的創業企業，他發現，在創業階段給予員工股份會遠遠好過其他激勵方式。因為，給予員工的股份，會讓員工覺得你和他在一條船上，這條船的前進對誰都有好處。

因此，麥肯錫顧問能夠提出的有關於溝通的最好建議就是，讓你的溝通對象和你站在同一個立場上，讓他感受到「一榮俱榮，一損俱損」的現狀。而且，讀者還必須明白一個事實，那就是現實中大多數情況下，「一榮俱榮，一損俱損」是存在的。

有時候，你會將溝通對象視作對手，完全是你的角度問題，如果你能夠選擇一個正確的角度，做一些必要的退讓，就會發現你與對方的立場是能夠合二為一的。

曾經有一家權威媒體做過一項關於諾貝爾獎的調查，在對所有獲得物理學、生物學和化學獎的科學家的調查中媒體發現，在這些偉大的獲獎者中，靠著領導團隊協作而最終獲得成果的占三分之二以上，甚至有很多獲獎者就是一個團隊中的兩個領導者，兩人共同分享諾貝爾獎的現象越來越普遍。而更深一層挖掘，媒體還發現，在大部分團隊未形成之前，團隊的成員實際上也是競爭對手，是合作讓他們走到了一起。

因此，對於一個聰明人來說，想要贏得客戶的心，讓客戶團隊站在你這邊，就要學會以上的方法。

重點整理

想要贏得客戶的心，首先要讓客戶明白你存在的價值，也就是你究竟能為他們贏得多少利益。把「我的事業」變成「我們的事業」，讓客戶與你站在同一陣線，為雙方的事業提供資源與支持。

04 如何應對客戶團隊中的挑剔者

面對挑剔者，取得對方的信任尤為重要。

艾森・拉塞爾曾講過這樣一個故事：「卡洛斯畢業於牛津大學，也是哈佛的MBA，更是一個超級滑頭的操作員。不巧的是，他是客戶團隊的主管，是我們和客戶大多數上級聯繫的主要管道，同時也是一個破壞者。卡洛斯所在的客戶公司的幾個高層知道麥肯錫所提的建議，他們不喜歡這樣的建議，於是和卡洛斯沆瀣一氣，一起反對公司的決議。在往後的工作中，卡洛斯總是很積極地阻止我們完成工作，對我們的工作挑三揀四，十分挑剔。即使一些事情已經很完美了，他還是會不滿意。不僅如此，他還在背後對公司的高層說我們的壞話，經常在工作時搞破壞，所以，我們意識到他不是我們的朋友。」

應對卡洛斯最好的辦法，是把這個挑剔與破壞者從客戶的團隊裡換走，但這個辦法是行不通的。因為卡洛斯位高權重，還有對方公司高層的支持，想要達到他的要求還是一件極為困難的事情。即使這件事情很難，但為了更好地完成工作，我們也要迎難而上。那該怎麼應對客戶團隊中的挑剔者呢？

在工作和生活中，我們可能會遇見這樣的人，他們對別人的要求很高，會對別人的行為做法處處指責和挑剔，有時會對同事、家人、朋友，甚至也對自己處處計較。即使是做得很好的事情，他們也會想方設法挑出毛病。可想而知，要是與這樣的人進行溝通，會是多麼可怕的一件事啊！

過分挑剔者有兩種人：一種是完美主義者。這種人除了對自己嚴格要求、標準很高外，還經常處處嚴格對待別人，總是挑別人的毛病。第二種人對別人挑剔的原因是他們的嫉妒心，此類人爭強好勝，他們會把自己的朋友、同事、同學甚至親人都放在競爭者的位置。他們通常不會採取積極的行動努力超過他人，只會對他的「敵人」處處為難、挑剔。

在工作和生活中，和挑剔者一起共事，這樣的事情是不可避免的，改變不了別人，那就改變我們自己。為了與他們更好地溝通，我們要學會怎樣和挑剔者溝通並獲得他們的認同。

身為一名諮詢顧問與服務人員，學會與挑剔者一起共事也是一件極其重要的事。那麼應如何獲得挑剔者的贊同？我們可以從以下方面學習：

一、不要爭辯，保持沉默

對待一個愛挑剔的人，千萬不要直接與他爭執。這時，如果你和他們理論，只會把事情變得更加糟糕。既然語言不能解決問題，那麼就先保持沉默，保持沉默並不意味著理虧詞窮，因為有時候沉默比爭辯更加有力量。所以，面對挑剔和挑釁，不要氣憤，要冷靜下來，用沉默來代替一切！

二、給對方表現的機會

每個人都希望自己在別人心裡很重要，希望得到別人的尊重和肯定。其實，很多挑剔者的心理都是很自卑和缺乏自信的，他們挑剔別人是因為自己被肯定的欲望沒有得到滿足，所以採取這樣的做法來吸引別人的關注，獲得自以為是的滿足感。

三、贏得他們的信任

信任是溝通的橋樑，也是建立良好人際關係的基礎。尤其是面對挑剔者，取得他們的信任會顯得尤為重要。與挑剔者相處時，你要做到不斷地完善自我，不要被挑剔者挑出你的毛病，一旦被他們抓住你的缺點不放，要想重新獲得他們的信任和贊同就很難了。你要學會站在挑剔者的角度看待問題，這樣你會明白他們的心理需求，溝通起來就順暢得多了。要想獲得他們的信任，就要真心接納他們、認可他們，這樣你也會獲得他們的認可。

四、讚美他們、滿足他們的需求

三人行，必有我師焉。每個人的身上都有值得我們學習的優點和長處，可以真誠地給予他們讚美，得到認同後，挑剔者也會對你刮目相看，所以，要真誠地讚美和滿足挑剔者，這樣也會得到挑剔者的贊同。

其實，客戶團隊中的麻煩人，不只有挑剔者這一種類型，還有很多其他的麻煩人與麻煩事。面對這些人與事，如果想要高效地解決問題，得到他們的認可，就要對這些麻煩人了解清楚，並根據他們的特點與弱點逐一解決，這樣你就會戰無不勝，成為一個優秀的人材。

重點整理

對待挑剔者，在工作中要運用合理的方法與他們進行溝通。贏得他們的認可就是你成功的體現，所以，要多學習和積累這些解決問題的方法，來實現高效工作。

05

方案說服力較弱時，加入假設作為支撐來獲得公司的支持

當論述論點較弱時，要強調該結論只是「假設」。

鄧普西現在任職於西雅圖的一家軟體公司，他從麥肯錫團隊學到的一個重要的思維方式便是為結論尋找支撐，他說：「有的時候你需要做一些冒險的思考，你需要預測一些事情，因為如果你總是根據過去的事情進行總結的話，那麼你在部門裡的話語權將會越來越小，因為你說的東西大家都已經知道了。你必須做出有見地的觀點，但這種觀點不能憑空而來，還需要為你的觀點尋找論據。」

鄧普西曾經對一款財務軟體的市場前景做出過預計，他對過往的行業資料做了詳細

的調查，分析了當前財務軟體市場的現狀和規模，總結了現階段財務軟體所應該側重的方面，最後，他做出了預測。當同事們對他的預計提出問題時，鄧普西說：「這些都屬於假設，同時，我還假設了另外兩種結果，經過比較之後，我發現這條假設的可能性是最大的。」

鄧普西的做法是正確的，我們的方案缺乏說服力，會導致整條思考脈絡的崩潰，但思考的方式沒有錯，關鍵在於我們如何讓邏輯脈絡中的結論更具有說服力。運用假設來加以論證，在提出那些「論點較弱」的結論時，在前面加上一句「這部分屬於假設」，然後舉出各種可以替代它的假設方案，並說明這個方案的可能性是最大的，這樣一來就可以保證邏輯脈絡的說服力了。

對於正確性的確認，不能僅僅由我們自己憑空得出。舉個例子，你認為某些企業員工怠惰是因為管理層沒有設置與員工的交流管道，員工的意願無法向上回饋。但這個觀點不能僅僅是「你認為」，必須得到現實的驗證或他人的認可。因此，你必須把你得出這個觀點的思考邏輯向他人展示出來並說服對方相信你。

不過有的時候，問題在於你知道自己是對的，並且也能夠向他人提供整條邏輯思考的脈絡，但你的邏輯推導過程卻缺乏說服力，不容易獲得他人的信服。此時，你可以試著在思維脈絡中加入假設，來彌補你說服力的不足。

在實際的運用中，即便你整條邏輯思考脈絡都是非常清晰的，但接受你觀點的人也會在意你邏輯結構中相對較弱的部分。比如，在你的邏輯結構中有這樣的詞彙：「本公司有非常優秀的人才」、「預計未來市場會繼續保持增長速度」、「這項技術的前景將會相當可觀」……類似這樣的話是很容易被人質疑的。

所以，在思考結束之後和向他人闡述你的邏輯之前，請先對自己的思考脈絡進行梳理，盡量減少這種模棱兩可的詞彙，對每個有結論的論斷都進行驗證。

本公司有非常優秀的人才——真的是這樣嗎？

預計未來市場會繼續保持增長速度——為什麼？

這項技術的前景將會相當可觀——如何來證明？

邏輯思考是以事實為基礎的，因此在思考的過程中，每一個有定論的語句都應該有事實來支撐。但是，因為事實都是過去發生的事情，而思考往往要面向未來，所以在思考的脈絡中，就不免出現很多資訊不明、根據薄弱的部分。為了彌補這樣的缺陷，在對未來的事物進行思考時，就應該舉出某種程度的例子，或是站在目前為止的某一傾向的延長線上，對思考的論據進行進一步說明。

雖然讀者可能會質疑，我們是否真的可以在延長線上進行思考，但對於很多未有定論的思考，如果不這樣做的話，就很難開展下去。沒有百分之百根據的話就不進行有結論的判斷，那麼很可能什麼判斷也沒有。

舉個例子，你正在為一個企業進行市場調查的諮詢，經過對行業資料的搜集和研究以及對企業現狀的了解，你得出了一個結論，企業應該進入某地的垃圾處理行業。

你為自己的結論整理出的邏輯思考脈絡是：

企業應該進入該行業有三個理由：第一個是公司自身存在著技術和資金優勢，領先於該領域現存的企業；第二個是該市場現在只有一家垃圾處理企業，如果進入的話，競爭對手並不多；第三個是該市場有很好的發展前景，未來的利潤會比較可觀。

我們可以看到，整個思考脈絡中，第一個理由和第二個理由是可以被事實支撐的，第三個理由則屬於預判性結論。此時，為了給第三條理由增加說服力，你必須進行再一次說明。

你的說明是：首先，該地區城鎮化的腳步在最近十年一直在加快，而且根據該地區的城市規畫（你搜集到了來自規畫局的十年計畫方案），未來數年內，城市的規模還將擴大。

其次，城市規模的擴大可能會增加公益事業的投入，人口會因此得到增加，垃圾的處理需求也會相應增加。最後，為了給增長的人口提供就業機會，該地區政府可能會吸納或開辦更多的企業，這些企業也會製造很多垃圾，這也會導致垃圾處理市場的擴大。

在以上的進一步說明當中，城市規畫面積的擴大屬於事實，而人口的增加以及企業的增加則屬於假設，但建立在事實基礎上的假設，已經足以支撐你有關市場前景的結論了。

由此可見，合理的假設與邏輯思考的重要性是不言而喻的，不過有兩點需要注意。

第一點：假設必須符合實際情況，是實際情況的未來延伸，只不過現在還沒有發生而已，有一定的邏輯必然性，如果假設沒有邏輯必然性，那麼實際上就是在亂用假設，亂用假設的結果就是讓你的思考脫離正常的邏輯，而進入空想的道路當中。

第二點：邏輯思考不能夠全部都由假設來支撐，必須有同樣的事實作為支撐，全部建立在假設上的結論，即便發生的概率超過99%，仍然有1%不發生的可能，這也是不夠嚴謹的。

因此，在你的方案說服力較弱時，你要加入假設作為支撐來獲得公司的支持，而你假設的內容要以強大的邏輯脈絡為基礎，只有這樣，你的假設與方案才更具說服力。

重點整理

結論缺乏說服力，會導致整條思考脈絡的崩潰。如果我們想讓邏輯脈絡中的結論更具有說服力，就要運用假設來加以論證，以此來支撐我們的方案，得到公司的支持。

BI7155

麥肯錫經典工作術：

58 個菁英思考策略，改善你的思維惰性、突破邏輯盲點，直搗問題核心

原　書　名／麥肯錫經典工作法：高效能人士問題分析與解決的 58 個策略
企 劃 選 書／韋孟岑
責 任 編 輯／韋孟岑

版　　權／吳亭儀、江欣瑜、林易萱
行 銷 業 務／周佑潔、賴玉嵐、賴正祐
總　編　輯／何宜珍
總　經　理／彭之琬
事業群總經理／黃淑貞
發　行　人／何飛鵬
法 律 顧 問／元禾法律事務所　王子文律師
出　　版／商周出版
臺北市 104 中山區民生東路二段 141 號 9 樓
電話：(02) 2500-7008　傳真：(02) 2500-7759
E-mail：bwp.service@cite.com.tw
Blog：http://bwp25007008.pixnet.net./blog
發　　行／英屬蓋曼群島商家庭傳媒股份有限公司城邦分公司
臺北市 104 中山區民生東路二段 141 號 2 樓
書虫客服專線：(02)2500-7718、(02) 2500-7719
服務時間：週一至週五上午 09:30-12:00；下午 13:30-17:00
24 小時傳真專線：(02) 2500-1990；(02) 2500-1991
劃撥帳號：19863813　戶名：書虫股份有限公司
讀者服務信箱：service@readingclub.com.tw
城邦讀書花園：www.cite.com.tw
香港發行所／城邦（香港）出版集團有限公司
香港灣仔駱克道 193 號超商業中心 1 樓
電話：(852) 25086231 傳真：(852) 25789337
E-mail：hkcite@biznetvigator.com
馬新發行所／城邦 (馬新) 出版集團【Cité (M) Sdn. Bhd】
41, Jalan Radin Anum, Bandar Baru Sri Petaling,
57000 Kuala Lumpur, Malaysia.
電話：(603)90563833　傳真：(603)90576622
E-mail：service@cite.my

國家圖書館出版品預行編目資料

麥肯錫經典工作術 : 58 個菁英思考策略，改善你的思維惰性、突破邏輯盲點，直搗問題核心 / 莊雲鵬著 . -- 初版 . -- 臺北市 : 商周出版 : 英屬蓋曼群島商家庭傳媒股份有限公司城邦分公司發行 , 民 112.07
ISBN 978-626-318-727-6(平裝)
1.CST: 職場成功法
494.35　　112008146

線上版讀者回函卡

封 面 設 計／FE DESIGN
內 文 排 版／江麗姿
印　　刷／卡樂彩色製版印刷有限公司
經　銷　商／聯合發行股份有限公司
電話：(02)2917-8022　傳真：(02)2911-0053

■ 2023 年（民 112）07 月 06 日初版
定　　價／420 元
ISBN　978-626-318-727-6（平裝）
ISBN　978-626-318-730-6（EPUB）

Idea man

Idea man